农业生态实用技术丛书

葡萄
病虫害生态控制技术

PUTAO BINGCHONGHAI SHENGTAI KONGZHI JISHU

农业农村部农业生态与资源保护总站　组编

李兴红　主编

中国农业出版社

北　京

图书在版编目（CIP）数据

葡萄病虫害生态控制技术/ 李兴红主编.—北京：
中国农业出版社，2020.5
　（农业生态实用技术丛书）
　ISBN 978-7-109-24910-3

　Ⅰ．①葡…　Ⅱ．①李…　Ⅲ．①葡萄−病虫害防治
Ⅳ.①S436.631

　中国版本图书馆CIP数据核字（2018）第265198号

中国农业出版社出版
地址：北京市朝阳区麦子店街18号楼
邮编：100125
责任编辑：张德君　李　晶　司雪飞　　文字编辑：常　静
版式设计：韩小丽　　责任校对：沙凯霖
印刷：北京通州皇家印刷厂
版次：2020年5月第1版
印次：2020年5月北京第1次印刷
发行：新华书店北京发行所
开本：880mm×1230mm　1/32
印张：3.5
字数：70千字
定价：28.00元

版权所有·侵权必究
凡购买本社图书，如有印装质量问题，我社负责调换。
服务电话：010 - 59195115　010 - 59194918

农业生态实用技术丛书
编委会

主　任　王久臣　李耀辉　刘爱芳

副主任　王　飞　徐志宇　邹国元

　　　　胡金刚　孙仁华

委　员（以姓氏笔画为序）

万　全	王亚静	王红彦	石祖梁
司雪飞	毕于运	刘东生	刘华贵
刘国涛	孙钦平	纪雄辉	李　龙
李　平	李　姝	李　隆	李　晶
李吉进	李兴红	李尝君	李胜男
杨有泉	应朝阳	宋大平	宋成军
张世海	张丽娟	张林平	张桂杰
张德君	张毅功	陈　芳	陈　灿
宝　哲	胡冬南	贾小红	党钾涛
徐国忠	黄　璜	黄秀声	黄毅斌
韩海东	傅志强	舒邓群	臧一天
翟中葳	翟瑞娜		

本书编写人员

主　　编　李兴红

副主编　张　玮　王勤英

序

　　中共十八大站在历史和全局的战略高度，把生态文明建设纳入中国特色社会主义事业"五位一体"总体布局，提出了创新、协调、绿色、开放、共享的发展理念。习近平总书记指出："走向生态文明新时代，建设美丽中国，是实现中华民族伟大复兴的中国梦的重要内容。"中共中央、国务院印发的《关于加快推进生态文明建设的意见》和《生态文明体制改革总体方案》，明确提出了要协同推进农业现代化和绿色化。建设生态文明，走绿色发展之路，已经成为现代农业发展的必由之路。

　　推进农业生态文明建设，是贯彻落实习近平总书记生态文明思想的必然要求。农作物就是绿色生命，农业本身具有"绿色"属性，农业生产过程就是依靠绿色植物的光合固碳功能，把太阳能转化为生物能的绿色过程，现代化的农业必然是生态和谐、资源可持续、环境友好的农业。发展生态农业可以实现粮食安全、资源高效、环境保护协同的可持续发展目标，有效减少温室气体排放，增加碳汇，为美丽中国提供"生态屏障"，为子孙后代留下"绿水青山"。同时，农业生态文明建设也可推进多功能农业的发展，为城市居民提供观光、休闲、体验场所，促进全社会共享农业绿色发展成果。

　　农业生态文明思想起源于古老的中国，中国自春秋时期就懂得用地养地的道理以及物理杀虫、人工除草等做法。农牧结合、稻田养鱼、桑基鱼塘等农业生态模式在历史上曾经极大推动了文明和经济的发展。当前，我国农业生态文明建设已进入提供更多优质生态产品以满足人民日益增长的优美生态环境需求的攻坚期，也到了有条件、有能力发展环境友好农业的窗口期。多年来，从事农业生态研究的学者和实践者扎根农业生产一线，按"整体、协调、循环、再生"的原则，围绕农业生态文明建设开展了广泛、系统的实践和研究，探索总结出了丰富多样的应用技术。

　　为推广农业生态技术，推动形成可持续的农业绿色发展模式，从2016年开始，农业农村部农业生态与资源保护总站联合中国农业出版社，组织数十位业内权威专家，从资源节约、污染防治、废弃物循环利用、生态种养、生态景观构建等方面，多角度、多要素、多层次对农业生态实用技术开展梳理、总结和归纳，系统构建了农业生态知识体系，编写形成了《农业生态实用技术丛书》。丛书中的技术实用、文字简洁、步骤详尽、脉络清晰，技术可推广、模式可复制、经验可借鉴，具有很强的指导性和适用性，将为广大农民朋友、农业技术推广人员、管理人员、科研人员开展农业生态文明建设和研究提供很好的参考。

2020年4月

前言

葡萄是一种重要的果树，葡萄在我国种植范围广，种植面积已超过1 000万亩*。葡萄栽培总面积仅次于柑橘、苹果、梨、桃，居于第五位。我国是葡萄的起源地之一，山葡萄、毛葡萄和刺葡萄是我国的本地种。我国大多数葡萄产区夏季炎热多雨，适合病害的发生。在北方种植葡萄于冬季时需要埋土，埋土造成的伤害和冬季的冻害也加重了葡萄枝干病害的发生。危害葡萄的病害种类有50余种，常年发生需要进行防治的病害有10余种，虫害也有逐年加重的趋势。随着葡萄避雨栽培、套袋、抗性砧木及高光效架势等生态防治病虫害技术的应用示范，减少了化学农药的使用，为葡萄的安全生产提供了保障，也延长了葡萄的供应周期，使葡萄产值效益得到大幅提升。

本书共分三部分，前两部分介绍了葡萄主要病虫害的识别及为害特点，图文并茂。图片多采自田间，记载了不同时期和生态条件下的病虫害特点，使读者一目了然。第三部分针对几个主要生态区的病虫害发生特点及生态条件，作者对多年积累的田间病虫害防治经验进行了梳理，介绍了各生态区的病虫害生态防治技术。本书简便实用，是广大种植者不可多得的一

---

* 亩为非法定计量单位，15亩＝1公顷。

本宝书；对科研工作者和大中院校的学生也有很好的参考价值。

书中难免有不足之处，敬请读者指正。

编　者

2019年6月

目录

三、不同生态区葡萄病虫害生态防治技术····68

一、葡萄主要病害的识别及为害特点

本部分介绍了几种葡萄主要病害的诊断识别、为害特点及生态条件。其中包括常年发生且需要防治的霜霉病、白粉病。这两种病害主要危害叶部，霜霉病在病叶背面出现白色、稀疏的霜霉状物，白粉病在叶正面有一层白粉状物。另外，还有引起烂果的灰霉病、炭疽病、酸腐病和白腐病，病毒引起的卷叶病和扇叶病，以及危害枝干的葡萄溃疡病和根癌病等。本部分针 对各种病害发生的主要生态条件进行了分析描述，如雨水多霜霉病和炭疽病重，避雨干旱白粉病重，低温潮湿发灰霉病，冷害冻害引致枝干病。

（一）葡萄霜霉病

葡萄霜霉病是全球葡萄种植普遍存在的一大病害，也是我国最重要的葡萄病害。葡萄霜霉病菌起源于美洲，1834年在美国首次报道，1878年前后传到法国，在很短的时间内就成为影响欧洲葡萄产业健康发展的重要因素。我国早在1899年就已有此病的发生记载。葡萄霜霉病目前在我国的大多数葡萄产区均有发生，通常霜霉病造成的损失达20%～30%，严重的在50%以上，个别葡萄园也有因霜霉病造成绝收的年份。夏季雨水较多的地区和年份发病严重，南方葡萄产区随着避雨栽培技术的应用，葡萄霜霉病得到了有效的控制，西北地区雨水多的年份也会造成霜霉病的流行。

1.诊断识别

葡萄霜霉病主要侵害葡萄叶片、花序和幼果，也能侵害葡萄的新梢、卷须、叶柄、穗轴、果柄等幼嫩组织。幼嫩叶片易被侵染，发病初期叶片产生暗色油亮的病斑，很快病斑颜色变黄呈黄色病斑（图1），病斑叶背面有大量白色霜霉状物（图2）。

图1　霜霉病叶部黄斑　　图2　霜霉病叶背白色霜霉状物

病斑多沿叶脉发生，也会造成叶脉扭曲（图3），叶背密生白色霜霉状物（图4），为病菌的孢囊梗和游动孢子囊。

图3　沿叶脉的油斑及扭曲的　　图4　叶背沿叶脉的白色霜霉
　　　叶脉　　　　　　　　　　　　　状物

　　有的病斑受叶脉限制呈角形，后期病斑转为褐色，病斑穿孔坏死，严重时整张叶片枯焦（图5、图6），严重时整个叶背布满白色霜霉层，叶片易脱落（图7）。

图5　霜霉病引起的坏死病斑　　图6　霜霉病引起的角斑、穿
　　　　　　　　　　　　　　　　　　孔、枯焦

图7　叶背布满白色霜霉状物

有时病斑为圆形浅褐色坏死斑，病斑脆，易撕裂（图8），叶斑背面生有少量白色霜霉状物（图9）。花穗受到侵染时，通常花穗变褐腐烂，表面长有白色霜霉状物，后期干枯死亡（图10）。霜霉病侵害果实主要在幼果期，通常在春季和初夏易发生果实霜霉病。幼果受侵染时，发病初期穗轴、果梗变褐（图11），果实开始变褐皱缩，病果果梗基部生白色的霜霉状物；果实较大时感染霜霉病，则果实变褐、软化，逐步由果梗部位开始缢缩变干，果梗处长有稀疏的白色霜霉状物（图12）。已着色的接近成熟的果粒不再受侵染。

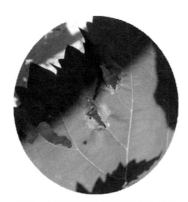 

图8　霜霉病引起的叶部圆斑　　图9　病斑叶背稀疏霜霉状物

图10　霜霉病引起的花穗腐　　图11　霜霉病侵害幼果症状
　　　烂及病部霜霉状物

新梢、卷须、叶柄、穗轴发病，产生黄色或褐色斑点，略凹陷，潮湿时也产生白色霜霉状物，受害严重的新梢顶尖变粗，卷曲，其上着生白色的霜霉状物致使顶尖变白，后期逐渐变褐枯死。该病的诊断点是观察受害部位是否有白色的霜霉状物。葡萄霜霉病的发生，造成叶片早衰、脱落，影响树势

图12　霜霉病侵害果实症状

和树体营养贮藏，果实品质劣变。严重时，造成葡萄植株越冬困难，连片死树。

2.为害特点及生态条件

葡萄霜霉病是一种真菌性病害，可以传染，在一个生长季节可以发生多个循环，条件合适时会不断地侵染、发病，传染主要借助于风雨传播。葡萄霜霉病菌有两种繁殖体，一种是孢子囊，类似植物的种子，病害在田间扩展蔓延主要靠孢子囊。孢子囊萌发的温度要求为22～25℃，孢子囊萌发也需要有水的存在，因此，孢子囊产生的条件为相对空气湿度达95%～100%和13～28℃的温度。孢子囊在高温干燥时只能存活4～6天，而在低温条件下可存活14～16天。病菌侵染的温度为12～13℃、

18 ～ 24℃及 30℃。条件适宜时，4 天可完成整个侵染
发病过程；温度为 18 ～ 26℃时，潜育期为 5 ～ 6 天；
温度过高、过低不利于发病，温度为 12℃或 34℃时，
潜育期为 12 天；温度为 8 ～ 10℃时，病害潜育期最
少为 16 ～ 19 天。有性阶段产生的繁殖体为卵孢子。
霜霉病菌的卵孢子在初夏就可以形成。卵孢子褐色、
球形、壁厚、抗逆性强，可以随落叶在土壤中越冬，
第二年遇到合适的条件即萌发形成孢子囊，进行侵染
致病。卵孢子萌发需要有充足的水分，萌发的最低、
最适及最高温度分别为 13℃、25℃、33℃。卵孢子萌
发产生孢子囊，孢子囊释放游动孢子，游动孢子通过
雨水飞溅传播到葡萄上，成为春天的初侵染源。初侵
染发病多是从下部的嫩叶开始。春季雨水早，发病就
早；秋季少风，降雨频繁、露天、雾天多的年份或地
区病害发生严重。

霜霉病的发生与否及发生程度是由水分决定的，
任何使水分在叶片等被侵染的组织上存在或增加的因
素，都会导致霜霉病发生。潮湿的冬天，遇上多雨的
春天，再赶上夏天的雨水，会导致霜霉病发生早且
严重。因为潮湿的冬天，卵孢子越冬基数（成活率）
高；多雨潮湿的春天导致病害发生早，进一步发展并
在果园内传播；夏季的雨水不但提供了该病爆发的适
宜条件，而且会刺激新梢、幼叶的生长和促进组织含
水量的增加，使植株更加易感病，从而导致病害大
流行。霜霉病发生的最适宜温度为 22 ～ 25℃，高于
30℃或低于 10℃都会抑制霜霉病的发生，因此在炎热

的夏天病害较轻，后期秋凉病害反而加重。

（二）葡萄白粉病

葡萄白粉病起源于北美洲，遍布于世界各葡萄产区。在中国，该病也是葡萄上的重要病害之一，几乎种植葡萄的地区都有发生，西北地区发生尤为严重，南方地区露地栽培发生很少，但保护地栽培日趋加重。近年来，保护地葡萄白粉病是继露地葡萄霜霉病之后的又一大典型病害。

1.诊断识别

葡萄白粉病主要危害葡萄的叶、果实、新枝蔓等，幼嫩组织最容易感染。叶片发病时的典型特征为叶片正面覆盖白粉状物。开始发病时，在叶面上有星星点点的小白斑，严重时粉斑连成片，整个叶片布满白粉状物，严重时叶面卷曲不平，白粉布满叶片（图13），病叶卷缩、枯萎而脱落。果实也可受害，幼果受害，果面上着生白色粉状物，有时造成果实裂口，严重的情况下果实萎缩脱落；果实稍大时受害，则在果面上出现黑色星芒状花纹，覆盖一层白粉，使得病果停止生长、硬化、畸形，有时导致病果开裂，味极酸；果粒长大后染病，果面会出现褐色网状线纹，覆盖白色粉状物，病果易开裂（图14），能加重果实酸腐病的发生，造成烂果。白粉病发生严重时，叶片卷缩枯萎、脱落，病粒变硬脱落，严重影响果实产量和质量。有时在生长后期白粉状物附近出现黄色、黑色颗粒状物，为白粉病菌的闭囊壳。闭囊壳是葡萄白粉病菌有性世代产生的子实体。

图13　白粉病叶部白粉状病斑　　图14　葡萄白粉病果实裂口症状

果穗染病易枯萎脱落，新梢（图15）、果柄及穗轴发病时，发病部位起始白色，后期变为黑褐色、网状线纹，覆盖白色粉状物。

图15　葡萄白粉病枝条症状

2.为害特点及生态条件

葡萄白粉病也是一种真菌病害，可以传染，在一个生长季可以有多个侵染循环。从侵染到发病要7天左右的时间。葡萄白粉病菌可以产生两种繁殖体，一种是有性生殖产生的闭囊壳，形状为球形，在球的表面有附属丝10～30根，闭囊壳敲开可见子囊4～6个，子囊内有子囊孢子4～6个，椭圆形。闭囊壳在叶片、果穗和幼梢等组织中存活越冬。很多地区在春季遇雨、灌溉水等情况下，闭囊壳吸足水分释放子囊孢子进行初侵染。通常子囊孢子侵染的适宜条件是降水量超过2～3毫米，温度10℃以上，最适宜温度是25℃。发病部位的白粉状物是白粉病菌的无性繁殖体分生孢子梗及分生孢子，分生孢子念球状串生，单胞无色，椭圆形或圆形。在生长季分生孢子通过气流可进行多次再侵染，发生多个循环，条件适宜时病害可以连续不断地发生。分生孢子萌发的温度范围为4～35℃，25～28℃时萌发率最高。在35℃时，分生孢子萌发被抑制，35℃以上的高温会使分生孢子致死。白粉病菌的特点是在干旱或潮湿条件下都能存活。葡萄白粉病菌是一种最能耐旱的真菌，虽然较高的相对空气湿度利于其分生孢子的萌发和病菌生长，但在相对空气湿度低到8%的干燥条件下，其分生孢子也可以萌发。

温度对病害的影响，温度是影响病害发生、发展的关键因子。产孢的最适宜温度是23～30℃，在这个温度范围内，从病菌侵染到出现病害症状的时间（潜育期）是5～6天。当温度持续为15℃、12℃和9℃时，病害的潜育期分别为11天、18天和25天。葡萄白粉病发生的温度极限为最高温度32℃，最低温度6℃。

相对空气湿度对白粉病的影响。白粉病发生的适宜相对空气湿度为85%，当低于这个相对空气湿度时，随着湿度的降低病害的发生会有所减轻，如在适宜的温度25℃条件下，当相对空气湿度为40%时，病害的严重度仅相当于相对空气湿度为85%情况下的一半。但当相对空气湿度高于87%时病害却被明显抑制。因此，干旱的夏季和温暖而潮湿的闷热天气利于白粉病的大发生。

光照也是影响病害的重要环境因子，因为白粉病菌着生在寄主组织的细胞表面，光照充足的部位白粉病发生的严重度要比遮阴处低几倍。

不同品种之间存在抗病性差异，欧洲品种比较易感病，美洲品种抗性较强。

栽培过密，施氮肥过多，修剪、摘副梢不及时，枝梢徒长，通风透光状况不良的果园，白粉病发病较重。此外，嫩梢、嫩叶、幼果较老熟组织易感病。

（三）葡萄灰霉病

葡萄灰霉病是一种发生非常普遍的病害，在世界范围内都有发生，灰霉病在我国也是葡萄上的一种非常重要的病害。对于鲜食葡萄，葡萄灰霉病不但在生长期造成果实腐烂使产量降低，而且还会导致葡萄在贮藏、运输过程中继续腐烂，是储运过程中引起葡萄腐烂的最重要病害。对于酿酒葡萄，主要是影响酒的质量，因为灰霉病菌的感染会造成葡萄中营养成分的变化。混杂或含有灰霉病病果的葡萄酿造的葡萄酒，有怪味或味道欠佳，并且容易被氧化，影响葡萄酒的颜色。但是，对于某些品种，在一些特殊地区秋天的特殊气候条件下，灰霉病的侵染可以产生例外情况，如生产世界闻名的"贵腐"酒。

1.诊断识别

灰霉病除危害果实外，也可危害叶片和枝条。但冬季或春季多雨的地区，葡萄灰霉病在早春也侵染葡萄的幼芽、新梢和幼叶。灰霉病通常在早春的花期侵入，果实近成熟期和贮藏期时出现症状，受侵染的果实表现为褐色腐烂，病部生有鼠灰色的霉层（图16），其为灰霉菌的无性繁殖体即分生孢子和分生孢子梗。此时仍可通过伤口再侵染果实，造成烂果；果实采收后，在低温条件下贮藏仍可继续腐烂。

图16　灰霉病菌侵害葡萄果穗引起的症状

　　早春低温多雨也可引起花穗腐烂，受侵染的穗轴出现深褐色病斑，幼花穗变褐坏死；受害果穗也呈褐色腐烂，潮湿条件下还会布满鼠灰色霉层；有时也可侵染新梢，使枝条枯死；成熟的枝条也可以被侵染，形成褐色腐烂，上面有典型的鼠灰色霉层；叶片受害是在叶缘处腐烂，病部呈V形，其上有鼠灰色的霉层（图17）。在烂果等病变组织上产生鼠灰色的霉层是灰霉病的诊断特点，有时病变发生后期鼠灰色霉层中也会长出黑色颗粒状物，为病菌的菌核。

图17　灰霉病菌侵害葡萄叶片引起的症状

2.为害特点及生态条件

　　葡萄灰霉病是一种真菌性病害，是一种低温高湿条件下发生的病害，其整个生活史只产生无性繁殖体，发病部位产生的鼠灰色霉层，即为病原菌的分生孢子和分生孢子梗。分生孢子一旦落到适宜的基物上，条件合适就可以萌发，分生孢子萌发和完成侵染需要的温度条件为 0 ～ 30℃，适宜温度为 15 ～ 25℃，最适温度范围 18 ～ 20℃，前提是必须在游离水存在的条件下或相对空气湿度大于 93% 且持续较长的时间。灰霉病菌分生孢子侵入寄主需要 15 小时，如果温度比较低，会需要更长的时间完成侵入。

葡萄灰霉病菌寄主范围非常广泛，条件合适时，几乎可以侵染所有的双子叶植物、很多单子叶植物及一些蕨类植物。灰霉病菌是一种弱寄生菌，它可以以腐生状态在植物病残体中存活，它完成侵染和定殖需要外源营养或受伤的寄主植物，因此，多汁的、坏死的、受伤的或衰老的组织易被感染，尤其衰老的花器组织和成熟的果实都是极易被灰霉病菌侵染的组织，这些组织在葡萄灰霉病流行中起着重要的作用。

田间遗留的带菌病残体也可以成为初侵染源，在春天时休眠的病菌产生无性繁殖体分生孢子，分生孢子被风、雨传播和分散，作为春季的侵染源。当白天温度超过 15℃ 时，湿度条件可以满足越冬病菌的初侵染，病菌就可以侵染幼叶、花穗和新梢。幼叶受侵染后可以携带病菌呈无症潜伏侵染，由于田间一些操作或叶片自然死亡，潜伏侵染的病菌被激活产生大量分生孢子。若温度合适，连续几天阴雨或多雾天气，受侵染的组织出现灰霉病症状，叶片上出现病斑，新梢、花穗萎蔫。从开花期到坐果期，花序和幼嫩果穗对灰霉病菌高度敏感，极易感病，此外，幼果穗的组织器官上沾有的花粉粒、花瓣残体也可以作为病原菌生长的外源营养物质，幼果被侵染后，灰霉病菌可以进入静止状态，直到果实转色后才开始出现症状。通常由初侵染引起的果实腐烂比例较低，但它成为果实成熟期病害蔓延的侵染源，导致采收前灰霉病的发生。

葡萄采收前降雨也是葡萄灰霉病流行的关键因子。虫害、白粉病、冰雹、鸟害等造成的伤口，有利于葡萄灰霉病菌的侵染，加重发病。

（四）葡萄炭疽病

葡萄炭疽病主要侵害葡萄果实，是我国葡萄重要病害之一。美国于1891年最先报道此病，之后在世界很多地区发现。在我国，南方产区（黄河以南，尤其是长江流域及其以南地区）发生比较普遍，有些年份非常严重。近年来，南方地区随着避雨栽培技术的应用，葡萄炭疽病得到控制。环渤海湾地区（包括天津、北京、河北、山东及辽宁）的炭疽病危害比较重，尤其是酿酒葡萄产区。西部地区，如新疆维吾尔自治区、甘肃、宁夏回族自治区等，很少或几乎没有葡萄炭疽病。

1.诊断识别

葡萄炭疽病主要危害果实，也危害穗轴、当年的新枝蔓、叶柄、卷须等绿色组织。病菌侵染幼果的初期症状表现为黑褐色、蝇粪状病斑；成熟期果实染病后，初期为褐色、圆形斑点，后逐渐变大并开始凹陷，在病斑表面逐渐生长出轮纹状排列的小黑点（分生孢子盘），天气潮湿时，有橘红色黏液溢出，小黑点变为橘红色点，这是炭疽病的典型症状（图18、图19）。

图18 侵害果实，小黑点轮生，　图19 炭疽病侵害果实症状
橘红色黏液溢出

严重时，病斑扩展到半个或整个果面，果粒软腐，脱落或逐渐干缩形成僵果。炭疽病引起的果实腐烂也有的表现为果实干缩、颜色变黑，果面密生小黑点，经常整个果穗的大部分果实受害（图20）。炭疽病可以在穗轴或果梗上形成褐色、长圆形的凹陷病斑，影响果穗生长，发病严重时造成干枯，影响病斑以下的果粒穗轴、当年的新枝蔓、叶柄、卷须得病，一般不表现症状。有时在中后期出现枝条干枯且上面着生的小黑点为病菌的繁殖结构分生孢子盘或子囊壳。葡萄炭疽病也经常引起果实裂口（图21），加重酸腐病和灰霉病的发生。

图20　炭疽病引起果实皱缩，病部密生　　图21　炭疽病引起
　　　　小黑点　　　　　　　　　　　　　　　　　果实裂口

2.为害特点及生态条件

葡萄炭疽病是一种真菌性病害，可以传染，分生孢子要通过雨水飞溅或昆虫虫体携带黏附等活动传播，属于一种高温高湿型病害。葡萄炭疽病菌侵染果实主要发生在果实近成熟期，在此时期遇阴雨天气，病害易发生。在葡萄近成熟期南方和环渤海湾地区产区正值高温多雨季节，因此病害易发生，有些葡萄园果实过熟有时也会引发炭疽病的发生。鲜食葡萄套袋栽培能够减轻病害的发生，避雨栽培条件下炭疽病不易发生。

（五）葡萄溃疡病

葡萄溃疡病是由葡萄座腔菌引起的。近年来日益严重，现今在埃及、美国、匈牙利、法国、意大利、葡萄牙、西班牙、南非、智利、黎巴嫩、澳大利亚等17个国家均有报道。中国是2009年首次报道该病害，近年在浙江、广西、湖北、四川、辽宁、山东、陕西、山西、河北、天津、北京等20个省份葡萄溃疡病均有发生，发生严重的年份可造成损失达30%～50%，有些果园甚至绝收。

1.诊断识别

葡萄溃疡病可侵害果穗、枝干。葡萄溃疡病引起的果实腐烂与白腐病有些类似，果实出现症状是在果实转色期，穗轴会出现黑褐色病斑，向下发展引起果梗干枯致使果实不正常转色（图22）严重的果实腐烂脱落（图23、图24）；有时果实不脱落，逐渐干缩（图25）。有时在果实上出现黑色致密的颗粒状物，此为病菌的分生孢子器，很容易与其他病害引起的症状相混淆。白腐病病果与溃疡病病果主要区别为：白腐病病果在病果面上着生大量颗粒状物即病原菌的分生孢子器和分生孢子。葡萄溃疡病侵害枝条时在田间的症状比较复杂，常见的有：当年生枝条出现灰白色梭形病斑，病斑上着生许多黑色小点，横切病枝条其维管束变褐；也有的枝条病部表现出红褐色区域，尤其是分支处比较普遍；枝条发病多是在结果母枝剪口附近，在结果母枝和枝杈上生有大量小黑点，此为病菌的分生孢子器。叶片也可受害，叶柄上表现黑褐色梭形病斑，叶部侵染初期可见到部分叶脉变黑褐，受侵染叶片后期变黄萎蔫，有时叶肉变黄呈虎皮斑纹状。葡萄溃疡病有时也侵害葡萄主干，病部表面变黑，有时有白色黏液溢出，严重时导致枝条萌芽晚或芽枯死，甚至可造成整株死亡。若为苗期受害，开始整株叶片变红，后逐渐萎蔫死亡。

图22　果实、果梗变褐，果实　　图23　溃疡病引起的果实脱落
　　　　不正常转色

图24　果实脱落后的果穗　　　　图25　果实干缩

葡萄溃疡病的诊断通常还要结合室内病原菌的观察，可直接刮取病原制片进行镜检检查，也可通过组织分离进行病原鉴定和病害诊断。

2.为害特点及生态条件

目前全世界已发现有葡萄座腔菌科的40个种可侵染葡萄，引起葡萄溃疡病。我国报道的引起葡萄溃疡病的葡萄座腔菌科真菌有6个种，其中优势种群与苹果轮纹病为同一个种。葡萄溃疡病菌是一类弱寄生病原菌，环境条件对病害的发生与否尤为重要，在果实转色期连续高温多雨容易导致病害发生。树体负载量大，树势弱也易发生溃疡病。

（六）葡萄白腐病

葡萄白腐病于1878年在意大利最早被描述，俗称水烂病、烂穗病，是葡萄的重要病害之一。我国南、北葡萄产区均有分布，常年发生，流行年份可达50%～70%。多雨年份常和炭疽病并发流行，给葡萄生产造成巨大损失。

1.诊断识别

葡萄白腐病主要危害果穗，也危害枝蔓和叶片。果穗受害时最初在穗轴、小穗梗和果梗上产生淡褐色、水渍状、不规则斑点，严重时整个组织腐烂。潮湿时果穗腐烂脱落，干燥时果穗干枯萎缩、不脱落，形成有棱角的褐色僵果（图26），果面布满灰白色小粒点（分生孢子器）。果粒发病时呈灰白色腐烂，先从果柄处开始，迅速延及整个果粒，果面上密生灰白色小粒点（图27）。

枝蔓受害，从伤口处开始发病，褐色病斑，表面密生灰白色小粒点，最后枝蔓皮层组织纵裂，呈乱麻丝状（图28）。叶片受害，多从叶缘开始，形成淡褐色大斑，有不明显的同心轮纹，后期也产生灰白色小粒点，最后叶片干枯很容易破裂（图29）。

图26 葡萄白腐病引起的僵果

图27 葡萄白腐病引起的
果梗及果粒腐烂

图28 葡萄白腐病受害枝蔓

图29 葡萄白腐病侵害叶片症状

2.为害特点及生态条件

葡萄白腐病是一种真菌性病害，病菌产生无性繁殖体分生孢子。白腐病菌的分生孢子是着生在分生孢子器内，吸水后器内的分生孢子释放出来，其萌发的适宜温度范围为13～40℃，最适温度为28～30℃。相对空气湿度为95%以上时分生孢子萌发良好，92%以下时则不能萌发。分生孢子在蒸馏水中萌发率很低，在0.2%葡萄糖溶液中萌发率也不高，而在葡萄汁液中萌发率高达90%以上，在放有穗轴的蒸馏水中萌发率最高。

葡萄白腐病菌以分生孢子器或菌丝体随病组织在土壤和枝蔓上越冬。果园表土中和树上的病果穗、病叶片和病枝蔓，均可成为第二年病害的初侵染来源。在土壤中越冬的病菌，一般以在地表面和表土以下20厘米以内的土壤中为多，病菌可以存活2～5年。越冬后的分生孢子器在春末、夏初产生分生孢子，借雨水飞溅传播，通过伤口侵染果穗和枝蔓。发病后的病组织上产生分生孢子，引起不断的再侵染。病害潜育期一般为3～8天。在发病最适条件下或在感病品种上，潜育期只有3天，而在抗病品种上可达10天。该病害一般从6月上旬、中旬开始，直至果实成熟期，果园中病害会不断发生。

病害发生与各地气候条件密切有关。初夏时降水的早晚和降水量的大小决定了当年白腐病发生的早晚和轻重。降水次数越多，降水量越大，病菌萌发侵染的机会就越多，发病率也越高。暴风雨、雹害过后常导致大流行。病害发生与栽培管理也有关，土质黏重、地势低洼、排水不良、田间湿度大的果园，肥水不足或偏施氮肥造成组织过于幼嫩、枝叶徒长、田间荫蔽的果园，其他病虫害严重、机械损伤较多的果园发病均较重。通常，篱架比棚架栽培发病重，东西向架比南北向架发病重。一般近地面的果穗先发病，大部分病穗分布在距地面40厘米以下的果穗上，这是因为病害的侵染源来自土壤，并通过雨滴的反溅传播，另外葡萄架下部通风透光差、湿度大，有利于发病。

（七）葡萄黑痘病

葡萄黑痘病别名疮痂病、鸟眼病，是葡萄上的重要病害之一，在我国各葡萄产区都有分布。该病害最早于1839年发现于法国，我国最早记载于1899年，在多雨潮湿的地区和年份发病较重，常引起新梢和叶片枯死，果实失去食用价值，造成较大的经济损失。

1.诊断识别

葡萄黑痘病主要危害葡萄的绿色幼嫩部分，如幼果、嫩叶、叶脉、叶柄、枝蔓、新梢和卷须等。其中果粒、叶片和新梢受害最重，损失最大。

叶片受害，初期为针头大小的褐色小斑点，病斑扩大后呈圆形或不规则形，中央灰白色，边缘暗褐色或紫色，直径1～4毫米，病斑常自中央破裂穿孔。叶脉受害，病斑呈梭形，凹陷，灰褐色至暗褐色，常造成叶片扭曲，皱缩（图30至图34）。

图30　黑痘病叶部初期症状

图31 黑痘病叶部病斑

图32 黑痘病叶部病斑穿孔

图33 黑痘病引起叶脉受害叶片扭曲

图34 黑痘病引起的叶片枯焦

果实受害，幼嫩果粒初期产生褐色小斑点，后扩大，直径可达2～5毫米，中央凹陷，呈灰白色，外部仍为深褐色，而周缘紫褐色似"鸟眼"状（图35）。多个病斑可连接成大斑，后期病斑硬化或龟裂，病斑仅限

图35 黑痘病侵害果实形成鸟眼斑

于表皮，不深入果肉。病果小、味酸、无食用价值。潮湿时，病斑上出现黑色小点并溢出灰白色黏质物。

新梢、枝蔓、叶柄、果柄、卷须受害，出现圆形或不规则形褐色小斑，后变灰黑色，病斑边缘深褐色，病斑中部凹陷开裂。严重时常数个病斑连成一片，使病梢、卷须因病斑环绕一周而导致其上部枯死（图36、图37）。

图36　黑痘病侵害枝蔓　　图37　黑痘病侵害新梢致死

2.为害特点及生态条件

葡萄黑痘病为真菌病害，病菌的无性世代产生分生孢子，分生孢子在水中萌发产生芽管，迅速固定在葡萄上，侵染葡萄引起病害。葡萄黑痘病菌是以营养体的菌丝体在病枝梢、病果及病叶痕内越冬。特别是秋季新梢病斑上形成的菌丝块，是病菌的主要越冬结构。菌丝体生命力强，在病组织内能存活3～5年。

病害的远距离传播主要靠苗木和插条。翌年春天温度在2℃以上时，雨水或露水使越冬的菌丝或菌核润湿24小时，即可使越冬的菌核或菌丝产生分生孢子，再借风雨传播到幼嫩的叶片和新梢上，引起初侵染，经6～12天潜育后发病，产生新的分生孢子。在生长期内陆续侵染新抽出的幼嫩部位，引起多次再侵染。病害在24～30℃条件下，潜育期最短，超过30℃，发病受到抑制。病害一般发生于现蕾开花期。

病害的发生与降雨、大气湿度、植株幼嫩情况和品种有密切关系。春季及初夏（4～6月）雨水或多或少影响病害的发生。多雨高湿一方面有利于分生孢子的形成、传播和萌发侵入，另一方面又造成寄主幼嫩组织的迅速成长，因此病害发生严重。果园地势低洼，排水不良，通风透光性能差，田间小气候中空气相对湿度高的果园发病重。管理粗放，树势衰弱的果园；氮肥多，植株徒长的果园；清理果园不彻底者发病重。一般葡萄抗病性随组织成熟度的增加而增加，如嫩叶、幼果、嫩梢等最易感病，停止生长的叶片及着色的果实抗病力增强。

（八）葡萄酸腐病

葡萄酸腐病是一种主要的果实病害，1898年在法国首次报道，1999年首先在山东烟台引起重视。近年来，该病害在北京、河北、山东和河南等葡萄产区普遍发生，造成果穗腐烂。果园管理不当时葡萄损失率为30% ~ 50%，有些葡萄园甚至损失高达80%。该病已成为严重影响我国葡萄生产的重要病害之一，不仅直接影响葡萄的产量与质量，而且还严重影响葡萄酒的品质。

1.诊断识别

葡萄酸腐病主要危害果穗，在葡萄近成熟期开始发生，引起葡萄果粒褐色腐烂，组织破裂解体，大量的腐烂汁液流出（图38），果皮薄而脆，出现洞口。其典型特点是有醋酸味，在病果穗上及其周围有大量果蝇或叫醋蝇的幼虫、蛹（图39）和成虫存在。另外，果粒腐烂后流出的腐烂汁液会造成经过的地方（果实、果梗、穗轴等）腐烂，病害后期腐烂果粒干枯，干枯的果粒只剩下果实的果皮和种子（图40）。如果是套袋葡萄，在果袋的下方出现一片深色湿润区域（习惯称为"尿袋"），为腐烂果实流出的液体浸湿纸袋导致。

图38　酸腐病病果果皮破裂有液体流出

图39 葡萄酸腐病（果蝇幼虫和蛹）图40 葡萄酸腐病（果穗腐烂）

2.为害特点及生态条件

葡萄酸腐病是一种特殊的病害，病原一直不很明确。葡萄酸腐病的发生主要是酵母菌、细菌和果蝇共同作用的结果。近成熟期是酸腐病侵染和发病的关键时期，引起葡萄酸腐病的酵母菌和细菌可在叶片和果实表面等处存在。伤口是病菌侵入的途径，病菌主要通过果蝇传播，也可通过雨水传播，可不断再侵染。伤口包括：自然裂口、风雨冰雹造成的伤口，鸟害、白粉病、黄蜂以及有些鞘翅目昆虫（白星花金龟）等造成的伤口。这些伤口成为酵母菌和细菌存活和繁殖的场所。病菌的代谢活动产生乙醇和醋酸等，醋酸的气味引诱果蝇来产卵繁殖，果蝇在取食和活动过程中，身体携带并传播病原物，而且果蝇体内外存在细菌。在适宜的条件下（温暖潮湿的气候条件），果蝇大量产卵、不断繁殖，最终导致病害迅速蔓延。

近几年的研究还发现，受伤和腐烂的果穗不仅能够引诱果蝇这个主要传病介体产卵造成危害，还会引诱一些蝶类、蚂蚁等去吸食和活动，也可造成病害

的传播。果蝇属于果蝇科昆虫。据报道，世界上有
1 000种果蝇，一头雌蝇一天产20粒卵（每头可以产
卵400～900粒），一粒卵在24小时内能孵化，蛆3
天可以变成新一代成虫。由于繁殖速度快，果蝇对杀
虫剂产生抗性的能力非常强，一般一种农药连续使用
1～2个月就会产生很强的抗药性。寒冷的天气不利
于果蝇的繁殖。

　　病害发生的轻重与多种因素有关。第一，伤口
的数量影响病害发生，如胡蜂、白星花金龟成虫等喜
食成熟的果实，多在葡萄浆果着色后将果实咬食成空
洞，各种鸟类取食葡萄果粒造成伤口，以及各种病害
和其他因素（裂果、日灼、白粉病等）造成伤口多的
果园，发病严重。第二，高温高湿有利于病害的发
生，具体情况包括：多雨的地区、多雨的年份以及雨
水、喷灌和浇灌等造成的高湿度，叶片过密造成的高
湿度等。第三，不同品种抗病性不同，紧密果穗型和
薄果皮的品种一般对酸腐病比较敏感，发病重。第
四，管理不当的果园发病重；肥力不足、挂果量大，
造成树势弱的果园发病重；品种混合栽植，各个品种
成熟期不同的果园发病重（早熟品种的发病为晚熟品
种提供了大量果蝇和病菌）；偏施氮肥造成枝叶徒长
的果园发病重；地势低洼、排灌不良的果园发病重。

（九）葡萄扇叶病

　　葡萄扇叶病，在世界各葡萄产区均有发生，是影

响葡萄生产的主要病害之一。据报道，受葡萄扇叶病毒侵染的葡萄，生根率可降低60%，枝条产出率可减少46%，嫁接成活率降低30%～50%，产量损失达30%～80%。

1.诊断识别

葡萄扇叶病是由葡萄扇叶病毒引起的一种病毒病害，可传染，症状表现因葡萄品种、病毒株系、气候条件、肥水管理等不同而存在差异。主要有畸形、黄化和镶脉3种症状类型。畸形症状表现为：植株矮化或生长衰弱；叶片变形皱缩，左右不对称，叶缘锯齿尖锐；叶脉伸展不正常，明显向中间聚集，呈扇状（图41），有时伴随有褪绿斑驳（图42）；新梢分枝不正常，双芽，节间缩短（图43），枝条变扁或弯曲，节部有时膨大；果穗少，穗型小，坐果不良，成熟期不整齐。黄化症状表现为：病株在春季叶片上先出现黄色散生的斑点、环斑或条斑（图44、图45），之后形成黄绿相间的花叶；严重时病株的叶、蔓、穗均黄化；叶片和枝梢变形不明显，果穗和果粒多较正常的小；后期老叶整叶黄化、枯萎、脱落。镶脉症状表现为：春末夏初，成熟叶片沿主脉产生褪绿黄斑，渐向脉间扩展，形成铬黄色带纹。

图41　葡萄扇叶病导致叶片扇形
（董雅凤　摄）

图42 葡萄扇叶病导致叶脉附近褪绿斑驳（董雅凤 摄）

图43 砧木节间缩短，植株矮化，叶片褪绿（董雅凤 摄）

图44 葡萄扇叶病导致叶片褪绿环斑（董雅凤 摄）

图45 葡萄扇叶病导致叶脉带状褪绿（董雅凤 摄）

上述症状通常仅出现一种，有的病株症状潜伏，但感病后树势弱，生命力逐渐衰退。扇叶病症状春季最明显，夏季高温时，病毒受到抑制，症状逐渐潜隐。巨峰、藤稔、沙地葡萄、贝达等品种和砧木对扇叶病毒敏感，症状表现明显；赤霞珠、品丽珠、梅鹿辄等欧亚种葡萄对扇叶病毒不敏感，通常不表现扇叶病症状。

2.为害特点及生态条件

葡萄扇叶病可通过无性繁殖材料（插条、砧木和接穗）传播。用于嫁接的接穗或砧木只要任何一方带有病毒，接口愈合后，整株均可感染病毒。苗木和接穗的调运是葡萄扇叶病远距离扩散的主要途径。除繁殖材料传播外，葡萄扇叶病毒还能经线虫传播，线虫在葡萄扇叶病毒的田间扩散蔓延中起重要作用。线虫还可遗留在苗木的根系及附着的土壤中进行远距离扩散。标准剑线虫（*Xiphinema index*）是葡萄扇叶病的传毒介体，其成虫、幼虫均能传播葡萄扇叶病毒，单头线虫即可成功传毒，传毒时间只有几分钟。虽然标准剑线虫在土壤中活动缓慢，每年不足1米，但其在土壤中存留时间很长，即使病株铲除，线虫仍可依附在葡萄根系上生活6～10年之久。除标准剑线虫外，意大利剑线虫（*Xiphinema italiae*）也能传播葡萄扇叶病。葡萄扇叶病的症状春季时明显，随着温度升高，夏季时症状减弱或消失。通常，扇叶病在美洲葡萄品种及其杂交后代上症状较表现明显，在欧洲葡萄品种及其杂交后代上多呈潜伏侵染。

（十）葡萄卷叶病

葡萄卷叶病在世界各葡萄栽培区广泛分布，是一种危害较重的病毒病。感染卷叶病毒的葡萄，产量可减少17%～40%，成熟期推迟1～2周，含糖量降低20%以上；根系发育不良，抗逆性减弱，易受冻害；枝蔓嫁接成活率显著降低，生根能力差；严重者生长急剧衰退。

1.诊断识别

葡萄卷叶病在欧亚种葡萄品种上症状表现明显，在欧美种葡萄品种上症状表现轻微，在美洲葡萄品种上无症状。葡萄卷叶病具有半潜隐的特性，生长季前期无症状，而在果实成熟到落叶前症状表现明显。葡萄卷叶病症状表现因病毒种类、寄主品种、病毒复合侵染和环境条件的不同而有所差异。红色品种感染卷叶病毒后，在夏末或秋季病株基部成熟叶片脉间会出现红色斑点，随着时间的推移，斑点逐渐扩大，连接成片，秋季整个叶片变为暗红色，但叶脉仍然保持绿色。叶片增厚变脆，叶缘向下反卷。这些症状会从病株基部叶片向顶部叶片扩展，严重时整株叶片表现出症状，树势非常衰弱。果实绿色的品种，症状也是表现为卷叶，但是叶片颜色不一样，叶色变黄而不是变红。病株葡萄果粒小，数量少，果穗着色不良，尤其是一些红色品种，染病后果实着色差，果色苍白，基本失去商品价值（图46至图49）。

图46 整株叶片反卷变红，植株衰退（董雅凤 摄）

图47 叶片反卷，叶脉间变红（董雅凤 摄）

图48 葡萄卷叶病导致叶片反卷变黄（董雅凤 摄）

图49 葡萄卷叶病导致果实着色不良（董雅凤 摄）

2.为害特点及生态条件

引起葡萄卷叶病的病原十分复杂。迄今为止，全世界已从葡萄卷叶病株上发现了11种葡萄卷叶病毒。目前，我国报道的葡萄卷叶病毒有6种。

葡萄卷叶病毒侵染葡萄后，会在枝条、穗梗和叶柄的韧皮部聚集，在植株体内呈不均匀分布。葡萄卷叶病具有半潜伏侵染的特性，生长前期症状表现不明显，果实成熟期症状最为明显。欧亚种群对葡萄卷叶病毒敏感，发病率高，发病症状也最为严重。欧美杂种较耐病，表现出葡萄卷叶病症状的品种其发病率和严重度均比欧亚种群低。美洲种群的葡萄品种较抗病，一般不表现卷叶病症状。葡萄卷叶病毒主要通过嫁接传染，并随繁殖材料（接穗、砧木、苗木）远距离传播扩散，造成葡萄卷叶病毒危害范围扩大。葡萄卷叶病毒可通过粉蚧和绵蜡蚧等传播介体近距离传播。GLRaV-1的传播介体为葡萄星粉蚧、槭树绵粉蚧和葡萄绵蜡蚧。GLRaV-3的传播介体为榕臀纹粉蚧、橘臀纹粉蚧、长尾粉蚧、柑橘栖粉蚧、葡萄粉蚧、拟葡萄粉蚧、暗色粉蚧、康氏粉蚧和葡萄绵蜡蚧。GLRaV-2、GLRaV-5和GLRaV-9的传播介体为长尾粉蚧。GLRaV-2可以通过摩擦接种传播到草本指示植物上。至今还没有发现葡萄卷叶病毒种传现象。

（十一）葡萄根癌病

葡萄根癌病别名冠瘿病、根头癌肿病、根瘤病，是世界上普遍发生的一种根部细菌病害。该病在我国葡萄产区均有发生，华北、东北等冬季易发生冻害的地区，发病较重，发病率有时高达50%～60%，甚至全园发生。根癌病一般发生在根颈部和靠近地面的老蔓上，由于根部及枝干受损伤，植株地上部生长衰弱，产量和品质下降，经济寿命缩短，严重时植株干枯死亡。

1.诊断识别

葡萄根癌病主要发生在葡萄的根颈和老蔓上。发病部位出现大小不等、形状各异的肿瘤。病害初发时，瘤体较小，稍带绿色和乳白色，表面光滑，质地柔软；以后瘤体逐渐变为淡褐色至深褐色，表面粗糙龟裂，质地坚硬；老熟病瘤在阴雨潮湿天气易腐烂脱落，并有腥臭味。瘤体的大小不一，小的如豆粒，大的如核桃、拳头大，甚至直径达10厘米。一株葡萄上可能形成数个到数十个癌瘤（图50、图51）。受害植株由于皮层及输导组织被破坏，树势衰弱，植株矮小，茎蔓短，叶色黄化，提早落叶，严重时可造成全株干枯死亡。苗木上根癌病多发生在接穗和砧木愈合的部位，患病苗木早期上部症状不明显，随着病情不断发展，根系发育受阻，树势衰弱。

图50　葡萄枝蔓上的肿瘤　　图51　葡萄苗木根及枝蔓上
　　　（董雅凤　摄）　　　　　的肿瘤（董雅凤　摄）

2.为害特点及生态条件

葡萄根癌病为细菌病害，病菌可在土壤中存活，主要在病组织及土壤中越冬，病菌在土壤中未分解的病残体内可存活2～3年。条件适宜时，通过剪口、机械伤口、虫伤、雹伤及冻伤等各种伤口侵入植株。通过雨水、灌溉水、地下害虫（蛴螬、蝼蛄）、病残组织、根或蔓接触摩擦、修剪工具以及带菌的肥料等近距离传播。远距离传播主要通过带菌的苗木、接穗、插条和砧木等繁殖材料。病菌进入表皮组织后，诱导伤口周围的薄壁细胞不断分裂，使组织增生而形成瘿瘤。病菌的潜育期约几周至一年以上，一般5月下旬开始发病，6月下旬至8月为发病的高峰期，9月以后很少形成新瘤。温度适宜，降雨多，湿度大，发病重。土质黏重，地下水位高，排水不良及碱性土壤，发病重。耕作管理粗放、地下害虫和土壤线虫多、各种机械损伤较多、冬季受冻害严重的果园，发病较重；插条伤口愈合不好的，育成的苗木发病较多。品种间抗病性有所差异，如玫瑰香、巨峰等高度感病，龙眼、康拜尔等品种抗病性较强。砧木品种间抗根癌病能力差异也很大，SO4、河岸2号、河岸3号等是优良的抗性砧木。

二、葡萄主要虫害的识别
及为害特点

　　危害葡萄的害虫种类繁多，不同地区、不同果园以及同一葡萄园的不同年份，害虫发生的种类和发生的程度都不同，而不同害虫因为其危害特点和生活习性不同，所采取的防治方法也不同。因此只有正确识别害虫种类并了解害虫的发生规律，才能制定出有效的害虫防治措施。为此，我们介绍了葡萄园内常见的12种害虫的识别要点以及发生特点，并配有各种害虫不同虫态的照片，以帮助果农准确识别害虫。

（一）葡萄根瘤蚜

　　葡萄根瘤蚜仅危害葡萄属植物，是葡萄上的毁灭性害虫，也是国际检疫害虫之一。1935年在我国山东烟台发现葡萄根瘤蚜，后在辽宁、陕西武功均有记录发生。20世纪60～70年代，对感染葡萄根瘤蚜的葡萄进行砍伐毁园，其后30年中没有葡萄根瘤蚜严重发生的报道。2005年在上海市嘉定区马陆镇又发现了葡萄根瘤蚜，之后陆续在湖南怀化、陕西西安等地发现了葡萄根瘤蚜疫情。

1.诊断识别

葡萄根瘤蚜以成虫、若虫刺吸叶或根的汁液，分叶瘿型和根瘤型两种。葡萄根瘤蚜对根的危害是其对葡萄造成毁灭性危害的原因。在我国葡萄根瘤蚜主要危害根部，还没有叶瘿型危害的报道。叶瘿型：被害叶向叶背凸起成囊状，虫在瘿内吸食、繁殖，重者叶畸形萎缩，甚至枯死。根瘤型：粗根被害形成瘿瘤，后瘿瘤变褐腐烂，皮层开裂，须根被害形成根瘤。葡萄受害后，树势明显衰弱，提前黄叶、落叶，葡萄产量受到不同程度的影响，最终导致整株枯死。根瘤型无翅孤雌蚜体卵圆形，体长1.2 ~ 1.5毫米，鲜黄色至污黄色，体背各节有许多黑色瘤状突起（图52、图53）。

图52　葡萄根瘤蚜卵和若蚜　　图53　葡萄根瘤蚜及被害肿胀
　　　（董丹丹　摄）　　　　　　　　的根（史继东　摄）

2.为害特点及生态条件

葡萄根瘤蚜在冷凉地区一年可繁殖4～5代，在温暖地区则为7～9代。山东烟台地区观察，根瘤蚜在当地全年发生8代，主要以1龄若虫和少量卵在二年生以上粗根分杈处或根上缝隙处越冬。翌年春季4月以后越冬若虫开始活动，为害根系，行孤雌繁殖。田间虫口密度以5月中旬至6月底，9月上旬至9月底这两段时期蚜量最多。根瘤蚜虫卵对温度的耐受性极强，土壤温度24～26℃为根瘤蚜生存繁殖的最适温度，用温度低于42℃的水浸泡没有伤害，而当水温超过45℃时浸泡5分钟，卵则全部死亡。同样，−12～−11℃的冬季低温对根瘤蚜也没有伤害。此外，根瘤蚜在葡萄园淹水条件下仍能保持一定的存活率，在欧洲的一些葡萄园曾采用全园淹水的办法，也不能完全消灭根瘤蚜。7月、8月干旱少雨可引起根瘤蚜发生猖獗，多雨则受抑制。欧洲系葡萄只有根部被害，而美洲系葡萄和野生葡萄的根和叶都可被害。黏土园和壤土园发生重，沙土地发生轻。根瘤蚜的远距离传播途径是带虫的苗木（繁殖材料）。

（二）葡萄二星叶蝉

葡萄二星叶蝉别名葡萄小叶蝉、葡萄斑叶蝉、葡萄二点叶蝉、葡萄二点浮尘子。中国葡萄产区均有发生，尤其在管理粗放的果园中发生严重。除危害葡萄外，还危害梨、桃、樱桃、山楂等。

1.诊断识别

葡萄二星叶蝉以成虫、若虫均集中于叶背刺吸汁液，被害叶片初期可见白色小点，随后斑点连成片使叶片失绿（图54、图55），严重时叶色苍白，并引起早期枯落，影响叶片光合作用及树势，甚至不能结实或果品质量降低。成虫体长3～4毫米，有红褐色和黄白色两种，以黄白色种为多。前胸背板前缘有圆形小黑丝3枚，排成1列；盾板上有两个大型黑斑，所以称作二星叶蝉。初孵若虫白色，后变黄白色或红褐色（图56、图57）。

图54　葡萄二星叶蝉为害状

图55　叶背成虫、若虫及其为害状

图56　葡萄二星叶蝉若虫

图57　葡萄二星叶蝉成虫

2.为害特点及生态条件

葡萄二星叶蝉一年发生2～3代，以成虫在果园杂草丛、落叶下、土缝、石缝等处越冬。翌年3月气温高的晴天，成虫即开始活动，先在小麦、长柔毛野豌豆等绿色植物上为害，葡萄展叶后即转移到葡萄上为害。喜在叶背面活动，产卵在叶背叶脉两侧表皮下或绒毛中。第一代若虫发生期在5月下旬至6月上旬，第一代成虫发生期在6月上旬、中旬，第二代、第三代若虫期大体在7月和8月。9月下旬出现第三代越冬成虫。此虫喜荫蔽，受惊扰则蹦飞。凡地势潮湿、杂草丛生、副梢管理不好，通风透光不良的果园，常发生多且受害重。

（三）斑衣蜡蝉

斑衣蜡蝉别名椿皮蜡蝉、斑蜡蝉、椿蹦、樗鸡，俗称花姑娘、花蹦蹦、花大姐等。全国各地分布广泛，在北方葡萄产区多有发生，零星出现危害。此虫除危害葡萄外，还危害梨、桃、李、梅等果树及椿树等林木，特别喜欢臭椿。

1.诊断识别

以成虫、若虫群集在叶背、嫩梢上刺吸为害，栖息时头翘起，有时可见数十头群集在新梢上，排列成一条直线。一般不造成灾害，但其排泄物可造成果面污染，嫩叶受害常造成穿孔或叶片破裂。

成虫体长15～25毫米，全身灰褐色；前翅基部2/3为淡褐色，端部1/3为深褐色，翅面具有多个黑点；后翅基部鲜红色，具有黑点，端部黑色。卵长椭圆形，卵粒排列成块，每块有卵数十粒，上覆白色分泌物。低龄若虫黑色并有许多小白点，4龄后体背变红色并生出翅芽，具有黑白相间的斑点（图58至图60）。

图58　斑衣蜡蝉低龄若虫

图59　斑衣蜡蝉高龄若虫

图60　斑衣蜡蝉成虫和卵

2.为害特点及生态条件

斑衣蜡蝉在北方一年发生1代，以卵在树干或附近建筑物上越冬。翌年4月中旬、下旬若虫孵化为害，5月上旬为盛孵期，若虫常群集在幼枝和嫩叶背面为害，若虫期约40天，经4次蜕皮变为成虫。6月中旬、下旬至7月上旬羽化为成虫，成虫和若虫成、若虫均具有群栖性，善于跳跃，爬行较快。成虫多在夜间交尾活动，寿命可达4个月之久，秋末冬初产卵，卵多产在树干的向阳面或树枝分权处。

（四）绿盲蝽

绿盲蝽别名花叶虫、小臭虫等。在我国除海南、西藏之外的各省份均有发生，以长江流域和黄河流域地区危害较重。绿盲蝽的寄主广泛，不仅危害葡萄、桃、樱桃、苹果、梨、枣、核桃、板栗等多种树木，还取食棉花、绿豆、蚕豆、向日葵、玉米等多种作物。

1.诊断识别

葡萄嫩叶被害后，先出现枯死小点，随叶芽伸展，小点变成不规则的孔洞，叶片萎缩不平，俗称破叶疯。花蕾受害后即停止发育，枯萎脱落。受害幼果粒初期表面呈现不很明显的黄褐色小斑点，随果粒生长，小斑点逐渐扩大，呈黑色；严重受害果粒表面木栓化，随果粒的继续生长，受害部位发生龟裂，严重影响葡萄的产量和品质（图61、图62）。

图61 绿盲蝽对葡萄嫩梢的为害状

图62 绿盲蝽对葡萄果实的为害状

成虫体长5～5.5毫米，长卵圆形，全体绿色，复眼黑褐色，前翅楔片绿色，膜区暗褐色（图63）。若虫共5龄，体形与成虫相似，全体鲜绿色（图64）。

图63 绿盲蝽成虫

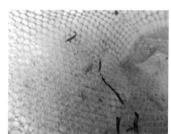

图64 绿盲蝽若虫

2.为害特点及生态条件

绿盲蝽在北方果区一年发生4～5代，主要以卵在葡萄茎蔓、枣、苹果树的皮缝、芽眼间、枯枝断面、其他植物断面的髓部，以及杂草或浅层土壤中越冬。翌年4月中旬，平均气温在10℃以上时越冬卵孵化为若虫，4月下旬，葡萄萌芽后即开始为害，5月上旬、中旬展叶盛期为为害盛期，5月中旬、下旬幼果期开始为害果粒。绿盲蝽主要为害葡萄幼嫩组织，早春展叶期和小幼果期为害发生最重，当嫩梢停止生长叶片老化后不再为害，而转移到周围其他寄主植物上为害。秋天，部分末代成虫又陆续迁回果园，9月下旬至10月上旬产卵越冬。成虫寿命长，产卵期持续1个月左右。第一代发生较整齐，以后世代重叠严重。成虫、若虫均比较活泼，具很强的趋嫩性，成虫善飞翔。成虫、若虫多数白天潜伏在树下草丛中或根蘗苗上，清晨和傍晚上树为害芽、嫩梢或幼果。

果园内及周边杂草的不及时处理，给越冬卵创造了有利条件；园内绿叶类、直根类等蔬菜的种植以及葡萄果园外棉花等的种植给绿盲蝽提供了丰富的食物，会加重葡萄上绿盲蝽的发生。4月天气回暖，一般能达10℃以上，而且雨水也充足，利于其孵化和繁殖，增加葡萄园内虫害基数。果树枝条修剪不当，使果园通风透光不良，田间湿度增加，从而为绿盲蝽创造了有利的繁殖条件，使虫口密度加大。

（五）葡萄蓟马

葡萄上的蓟马有多种，如烟蓟马、茶黄硬蓟马等，均为缨翅目蓟马科，其中烟蓟马分布较广。烟蓟马广泛分布于世界各大洲，我国绝大多数省份均发现其为害。烟蓟马的寄主范围极其广泛，多达150余种，主要危害葡萄、棉花、葱、洋葱、百合等植物。

近年来，蓟马对葡萄的危害有日益增长之势，使局部地区或果园受到严重危害。

1.诊断识别

图65　葡萄蓟马的为害状

蓟马以若虫和成虫锉吸葡萄幼果、嫩叶、枝蔓和新梢的汁液进行为害。幼果受害初期，果面上形成纵向的黑斑，后期果面形成纵向木栓化褐色锈斑（图65），严重时会引起裂果，降低果实的商品价值。叶片受害后先出现褪绿黄斑，后变小，发生卷曲，甚至干枯，有时还出现穿孔。雌成虫体长1.2～1.4毫米，两种体色，为黄褐色和暗褐色。

2.为害特点及生态条件

烟蓟马一年发生6～10代，以成虫越冬为主，也有若虫在土块下、土缝内、枯枝落叶、其他球根或部分植株的叶鞘内越冬。翌年3～4月开始活动，先在春季葱、蒜上为害一段时间。辽宁5月下旬于葡萄初花期开始为害葡萄子房或幼果，6月下旬至7月上旬为害花蕾和幼果。雌虫行孤雌生殖，国内尚未发现雄虫。每只雌虫平均产卵约50粒，卵散产在嫩叶表皮下的叶脉内。初孵若虫集中在叶基部为害,稍大即分散。成虫、若虫多在叶柄、叶脉附近为害。成虫很活跃,扩散传播很快,因其怕光,故常在早晚及阴天爬到叶面上,白天有强光照时,在叶鞘和叶腋处为害。一年中以4月、5月危害最重,7月、8月世代重叠,进入9月虫量明显减少。气候干旱有利于蓟马的发生,而降雨会导致其种群数量下降。

(六)葡萄粉虱类

目前我国危害葡萄的粉虱主要有温室白粉虱和烟粉虱,均属于半翅目粉虱科。近年来,外来入侵烟粉虱在全国各地爆发成灾,对蔬菜、花卉等带来了较大的危害,有些露地葡萄和保护地葡萄也受到烟粉虱的危害。

1.诊断识别

两种粉虱寄主广泛,在露地及保护地葡萄上常混合发生。粉虱类以成虫、若虫群集在叶片背面刺吸汁液,使叶片褪绿、黄化甚至萎蔫枯死,从而使植株生长受阻、衰弱,降低葡萄的产量和品质。同时,成虫能排泄蜜露引发煤污病,影响叶片光合作用与呼吸作用,污染果实,影响葡萄的品质。粉虱类可传播多种病毒病。温室白粉虱和烟粉虱均为微小型昆虫,色泽淡黄,翅膜质被白色蜡粉,口器刺吸式。成虫、若虫均在叶片背面活动(图66至图71)。

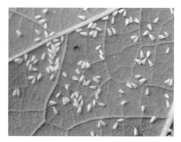

图66　温室白粉虱成虫

图67　烟粉虱成虫

图68　温室白粉虱若虫

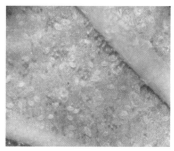

图69　烟粉虱若虫

图70　温室白粉虱伪蛹

图71　烟粉虱伪蛹

2.为害特点及生态条件

两种粉虱的发生规律是类似的。在北方一年可发生10代左右，以各种虫态在保护地内越冬，如果温度适合，也可继续为害，温室条件下完成1代需要30天左右，世代重叠现象明显。第二年春天越冬虫源先在保护地内为害，4月达到高峰，随着温度升高，陆续从保护地迁到露地寄主上。虫口密度在8月、9月增长最快，10月以后，随着天气逐渐变得冷凉，虫量显著减少，并陆续转入保护地内。这两种粉虱的成虫对黄色有强烈的趋性，喜欢群集于植株上部嫩叶背面吸食汁液并产卵，随着寄主植物的生长，若虫在下部叶片发生多，老叶和枯死的叶片均可见伪蛹及蛹壳。卵多产在叶背，以柄附着在叶面上。孵化的1龄若虫较活跃，在叶背爬行，寻找合适的取食场所，2～4龄若虫足和触角退化，在叶片上固定不动，刺吸取食，直到羽化为成虫。

两种粉虱均不耐低温，在北方冬季露地不能越冬。而冬季持续变暖，特别是冬季温室、大棚等保护地面的增多，为粉虱种群数量的积累提供了有利条件。粉虱的天敌资源十分丰富，其寄生性天敌有膜翅目昆虫，捕食性天敌有鞘翅目、半翅目昆虫和捕食螨类等，以及一些寄生真菌。它们对粉虱种群的增长起着明显的控制作用。

（七）葡萄短须螨

葡萄短须螨别名葡萄红蜘蛛、刘氏知须螨。在中国北方分布较普遍，如山东、河北、河南、辽宁等地的部分葡萄产区，南方葡萄产区也有发生。此虫只危害葡萄。

1.诊断识别

葡萄短须螨以若虫、成虫为害嫩梢、叶片、幼果等。叶片。嫩梢受害后，呈现黑色斑块，严重时焦枯脱落。果穗受害呈黑色，变脆易折断。果粒被害，果皮变成铁锈色，粗糙易裂，影响产量和品质。

雌成螨扁椭圆形，长约0.3毫米，眼点、腹背红色，有网状纹，无背刚毛。卵为卵圆形，鲜红色，有光泽。幼螨鲜红色，足3对。若螨淡红色和灰白色，足4对。

2.为害特点及生态条件

葡萄短须螨一年发生6代以上，以雌成虫在老皮裂缝内、叶腋及松散的芽鳞绒毛内群集越冬。翌年3月中旬、下旬出蛰，为害刚展叶的嫩芽，半月左右开始产卵，卵散产。全年以若虫和成虫为害嫩芽基部、叶柄、叶片、穗柄、果梗、果实和副梢。10月下旬逐渐转移到叶柄基部和叶腋间，11月下旬进入隐蔽场所越冬。在葡萄不同品种上，发生的密度不同，一般喜欢在绒毛较短的品种上为害，如玫瑰香、佳利酿等品种。而叶绒毛密而长或绒毛少，很光滑的品种上数量很少，如龙眼、红富士等品种。葡萄短须螨的发生与温湿度有密切关系，平均温度在29℃，相对空气湿度在80%～85%的条件下，最适于其生长发育。因此，7月、8月的温湿度最适合其繁殖，发生数量最多。

（八）葡萄瘿螨

葡萄瘿螨别名葡萄缺节瘿螨、葡萄潜叶壁虱。在辽宁、河北、天津、北京、河南、山东、陕西等各葡萄主产区均有分布，是我国葡萄害螨中主要种类之一。

1.诊断识别

葡萄瘿螨主要危害葡萄叶片，以成螨和若螨在叶背、新梢等部位吸食汁液。叶片受害后，初期叶背发生白色斑点，叶面凸起，随后在叶背下陷处生白色茸毛似毛毡状，故称毛毡病。毛毡状物为葡萄叶片上的表皮组织受瘿螨刺激后肥大变形而成，以后颜色逐渐加深，最后呈茶褐色。严重时，许多斑块连成一片，甚至叶面出现绒毛，造成叶片干枯脱落，对产量品质影响很大（图72至图75）。

图72　葡萄瘿螨危害叶正面为害状（刘顺　摄）

图73　葡萄瘿螨危害叶背为害状（刘顺　摄）

图74 葡萄瘿螨危害幼嫩叶 　图75 葡萄瘿螨危害叶背后期
　　　片（刘顺　摄）　　　　　　为害状（刘顺　摄）

雌成螨蠕虫状，体微小，体长160～200微米，黄白至灰白色，体表有多个环纹，近头部生有两对足。雄虫个体略小。卵椭圆形，淡黄色（图76）。

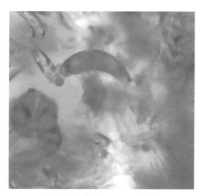

图76　葡萄瘿螨成虫（刘顺　摄）

2.为害特点及生态条件

葡萄瘿螨一年发生多代，以成螨群集在芽鳞片内绒毛处，或枝蔓的皮孔内越冬。翌年葡萄萌芽时开始活动，从潜伏场所爬出，转移到幼嫩叶片背面绒毛下以刺吸式口器吸取汁液。成虫在被害部位的绒毛下产卵，且喜在新梢顶端幼嫩叶片上为害，严重时甚至能扩展到卷须、花序和幼果。常年以5月开始发生，6～8月是危害盛期，入秋后成螨陆续转移到芽内越冬或枝蔓粗皮内越冬。

（九）东方盔蚧

东方盔蚧别名褐盔蜡蚧、扁平球坚蚧、刺槐蚧、糖槭蚧、水木胎球蚧。在我国分布在河北、河南、山东、山西、江苏、青海等省份。寄主广泛，主要有葡萄、桃、杏、苹果、梨、山楂、核桃、刺槐、国槐、白蜡、合欢等果树和林木，其中以葡萄、桃、刺槐受害最重。

1.诊断识别

该虫以雌成虫、若虫危害葡萄枝干、叶片和果实。雌成虫和若虫附着在枝干、叶和果穗上刺吸汁液，并排出大量蜜露，导致煤污病，严重影响叶片的光合作用，果面被污染，枝条严重受害后枯死，造成树势衰弱，影响产量和品质。

雌成虫体长3.5～6毫米，红褐色，椭圆形。硬化体壁背中央有四列纵向凹陷，体背周缘有横列的皱纹。若虫期可分泌发丝状蜡丝（图77）。

图77　东方盔蚧

2.为害特点及生态条件

东方盔蚧在葡萄上一年发生2代，以2龄若虫在枝蔓的裂缝、叶痕处或枝条的阴面越冬。翌年4月葡萄出土后，随着气温升高越冬若虫开始活动，爬至一、二年生枝条或叶上为害。4月上旬虫体开始膨大并蜕皮变为成虫，4月下旬雌虫体背膨大并硬化，5月上旬开始产卵在体下介壳内，5月中旬为产卵盛期，通常为孤雌生殖，每只雌虫产卵1 400～2 700粒。5月下旬至6月上旬为若虫孵化盛期，若虫爬到叶片背面固定为害。6月中旬蜕皮为2龄若虫并转移到当年生枝蔓、穗轴、果粒上为害，7月上旬羽化为成虫。7月下旬至8月上旬产卵，第二代若虫8月中旬为孵化盛期，仍先在叶上为害，9月蜕皮为2龄后转移到枝蔓越冬。

（十）康氏粉蚧

康氏粉蚧别名桑粉蚧、梨粉蚧、李粉蚧。康氏粉蚧分布于黑龙江、吉林、辽宁、内蒙古、宁夏、甘肃、青海、新疆、山西、河北、山东、浙江、云南等省份。寄主有核桃、板栗、苹果、梨、桃、李、杏、山楂、葡萄、柿、石榴、金橘、刺槐、樟树、佛手瓜、君子兰等多种植物。

1.诊断识别

以雌成虫和若虫刺吸寄主植物的芽、叶、果实、枝干及根部的汁液，嫩枝和根部受害常肿胀且易纵裂而枯死。在多雨情况下常伴发煤污病，影响光合作用（图78）。

　　雌成虫椭圆形，较扁平，体长3～5毫米，体粉红色，表面被白色蜡粉，体缘具17对白色蜡丝，体前端的蜡丝较短，后端最末1对蜡丝较长，几乎与体长相等。雄成虫体紫褐色，体长约1毫米，翅1对，透明，具尾毛（图79）。

图78　葡萄上的康氏粉蚧及煤　　　　图79　康氏粉蚧
　　　　污病（吕兴　摄）

2.为害特点及生态条件

　　康氏粉蚧在北京、河北和河南等地一年发生3～4代，以卵囊在枝干皮缝或石缝土块下等隐蔽场所越冬。翌年葡萄发芽时，越冬卵孵化为若虫，取食寄生幼嫩部位。第一代若虫发生盛期在5月中旬、下旬；第二代为7月中旬、下旬；第三代在8月下旬，世代重叠严重。雌若虫蜕3次皮即发育为雌成虫，雄若虫化蛹于白色长形的茧中。雌雄交尾后，雌成虫即爬到枝干粗皮裂缝内或果实萼洼、梗洼等处产卵，有的将卵产在土壤内。产卵时，雌成虫分泌大量棉絮状蜡质结成卵囊，康氏粉蚧属活动性蚧类，若虫、雌成虫皆能随时变换为害场所。该虫具有趋阴性，在阴暗的场所居留量大，危害较重。7月、8月是其发生高峰期。

（十一）葡萄十星叶甲

葡萄十星叶甲别名葡萄金花虫。在江苏、安徽、浙江、湖南、江西、福建、广东、广西、四川、贵州、陕西、吉林、辽宁、河北、山西、河南、山东等地均有发生。除危害葡萄外，还危害柚、爬山虎、黄荆树等。葡萄十星叶甲是葡萄产区的重要害虫之一。

1.诊断识别

葡萄十星叶甲以成虫、幼虫取食葡萄叶形成孔洞或缺刻，大量发生时全部叶片被吃光，仅残留主脉，芽被啃食后不能发育，对产量影响较大。

成虫体长约12毫米，椭圆形，土黄色，两鞘翅上共有10个黑色圆斑。卵椭圆形，长约1毫米，表面具不规则小突起，黄褐色，数十粒卵粘结成块。老熟幼虫体长12～15毫米，近长椭圆形，黄褐色，各节两侧均有肉质突起3个，突起顶端呈黑褐色（图80至图82）。

图80　葡萄十星叶甲成虫

图81 葡萄十星叶甲卵块 图82 葡萄十星叶甲幼虫（桂炳中/提供）

2.为害特点及生态条件

长江以北一年发生1代，江西、四川一年发生2代，均以卵在根际附近的土中或落叶下越冬，南方有以成虫在各种缝隙中越冬的。长江以北越冬卵在翌年5月下旬孵化，6月上旬为孵化盛期，幼虫沿蔓上爬，先群集为害芽叶，后向上转移，3龄后分散。早、晚喜在叶面上取食，白天隐蔽，有假死性。6月下旬幼虫老熟入土化蛹。7月上旬、中旬羽化为成虫，8月中旬至9月中旬为产卵盛期，以卵越冬。江西、四川越冬卵于4月中旬孵化，5月下旬化蛹，6月中旬羽化，8月上旬产卵，8月中旬孵化，9月上旬化蛹，9月下旬羽化，交配后产卵，以卵越冬。

（十二）葡萄虎蛾

葡萄虎蛾别称葡萄虎夜蛾、葡萄黏虫、葡萄狗子、老虎虫、旋棒虫等。分布于黑龙江、辽宁、河北、山东、河南、山西、湖北、江西、贵州、广东等省份。寄主有葡萄、野葡萄、常春藤、爬山虎等。

1.诊断识别

葡萄虎蛾以幼虫食害葡萄叶成缺刻与孔洞，严重时仅残留叶柄和粗脉。

成虫体长18～20毫米，头、胸部紫棕色，腹部杏黄色。腹背中央有1列紫棕色毛簇。前翅灰黄色，散生紫棕色斑点，前缘色稍浓，后缘及外横线以外紫棕色，肾纹、环纹紫棕色，黄边。后翅杏黄色，外缘有紫棕色宽带，臀角有1枯黄色斑。老熟幼虫体长约40毫米，后端较前粗，第八腹节稍隆起，体黄色散生不规则褐斑，毛突褐色；臀板上的褐斑连成1横斑；背线黄色明显（图83、图84）。

图83　葡萄虎蛾成虫（木子　摄）　　图84　葡萄虎蛾幼虫

2.为害特点及生态条件

葡萄虎蛾在北方一年2代，以蛹在根部及架下土内越冬。翌年5月羽化为成虫，成虫昼伏夜出，卵散产于叶片及叶柄等处。幼虫6月中旬、下旬始见，常群集食叶，7月中旬陆续老熟入土化蛹。7月下旬至8月中旬羽化为成虫，8月中旬始见第二代幼虫，9月幼虫老熟入土作茧化蛹越冬。幼虫受惊时头翘起并吐黄色液体以自卫。

（十三）葡萄天蛾

葡萄天蛾别名车天蛾。分布在吉林、辽宁、黑龙江、河北、天津、北京、江苏、浙江、上海、福建、江西、山东、安徽、广东、广西等省份。除葡萄外，还危害爬山虎、猕猴桃等植物。

1.诊断识别

葡萄天蛾以幼虫蚕食叶片，暴食期大龄幼虫能将整枝、整株树叶吃尽，只残留叶柄和枝条，严重影响产量。

成虫体长约45毫米，体肥硕纺锤形，茶褐色。体背中央从前胸至腹端有1条白色纵线，复眼后至前翅基有1条较宽白色纵线。前翅各横线均为暗茶褐色，前缘近顶角处有一暗色近三角形斑。后翅中间大部分黑褐色，周缘棕褐色，中部和外部各具1条茶色横线。老熟幼虫体长约80毫米，绿色，体表多横纹及小颗粒，头部有两对黄白色平行纵线，胴部背面两侧各有1条黄白纵线，中胸至第七腹节两侧各有1条由下向后上方斜伸，第八腹节背面具尾角（图85、图86）。

图85　葡萄天蛾成虫　　　　图86　葡萄天蛾幼虫

2.为害特点及生态条件

葡萄天蛾一年生1～2代，以蛹在土中越冬。翌年5月中旬成虫羽化，6月上旬、中旬进入羽化盛期。成虫夜间活动，有趋光性。卵多散产于嫩梢或叶背，每只雌虫产卵155～180粒，卵期6～8天。幼虫白天静止，夜晚取食叶片，幼虫期30～45天。7月中旬开始在葡萄架下入土化蛹，蛹期15～18天。7月底、8月初可见1代成虫，8月上旬可见2代幼虫为害，9月下旬至10月上旬，幼虫化蛹越冬。

（十四）美国白蛾

美国白蛾别名美国灯蛾、秋幕毛虫、秋幕蛾，是一种检疫性害虫。目前在我国主要发生在辽宁、河北、山东、北京、天津、山西、陕西、河南、吉林等省份。该虫食性很杂，可危害200多种林木、果树、农作物和野生植物，其中包括葡萄、桃、李、杏、樱桃、苹果、梨、柿、枣、核桃等。

1.诊断识别

低龄幼虫群集在枝叶上吐丝结成网幕，许多幼虫在网幕内啃食为害叶肉，受害叶片残留叶脉和表皮，呈现枯黄色；老龄幼虫逐渐分散为害，将叶片食成缺刻或孔洞，甚至将叶片吃光。每株树上常有几百头、甚至千余头幼虫取食为害，常把整树叶片蚕食一光，而后转株为害，对树势及树体生长造成严重影响。

成虫体长13～15毫米，体为白色。雄成虫触角黑色，栉齿状，前翅常散生黑褐色小斑点；雌成虫触角褐色，锯齿状，前翅纯白色。老熟幼虫体长28～35毫米，头黑色，体黄绿色至灰黑色，背线、气门上线、气门下线浅黄色；背部毛瘤黑色，体侧毛瘤多为橙黄色，毛瘤上着生白色长毛丛（图87至图90）。

图87　正在交尾的美国白蛾

图88　葡萄上的美国白蛾幼虫

图89　群聚为害的美国白蛾幼虫

图90　美国白蛾蛹

2.为害特点及生态条件

美国白蛾一年发生2~3代，以蛹在老树皮下、砖石块下、地面枯枝落叶下或表土层内结茧越冬。翌年4月下旬至5月下旬，越冬代成虫开始羽化。成虫昼伏夜出，交尾后即可产卵，卵单层排列成块状产于叶背，一卵块有卵数百粒，多者可达千粒，卵期15天左右。幼虫孵出几个小时后即吐丝结网，随幼虫生长，食量增加，更多叶片被包进网幕内，网幕也随之增大。幼虫共7龄，5龄以后进入暴食期，把树叶蚕食光后转移为害。从10月中旬开始第三代老熟幼虫陆续下树寻找隐蔽场所结茧化蛹越冬。

（十五）葡萄透翅蛾

葡萄透翅蛾别名葡萄透羽蛾、葡萄钻心虫，中国各地都有分布。该虫除危害葡萄，也能取食葡萄科乌蔹莓。以幼虫蛀食葡萄枝蔓髓部，使受害部位肿大，叶片变黄脱落，枝蔓容易折断枯死，影响当年产量及树势。

1.诊断识别

雌虫体长18~20毫米，全体蓝黑色。前翅红褐色，前缘及翅脉黑色，后翅膜质透明。腹部有3条黄色横带，以第四腹节中央的一条最宽，第六腹节后缘的次之，第五腹节上的最细，粗看很像一头深蓝黑色的胡蜂。老熟幼虫体长约38毫米，全体呈圆筒形，头部红褐色，口器黑色；胴部淡黄色，老熟时带紫色，前胸背板上有倒八字纹（图91）。

图91　葡萄透翅蛾幼虫（李晓荣／提供）

2.为害特点及生态条件

葡萄透翅蛾一年发生1代，以幼虫在葡萄枝条内越冬。翌年5月上旬越冬幼虫在被害枝条内侧先咬一个圆形羽化孔，然后作茧化蛹，6月上旬成虫开始羽化。成虫行动敏捷，飞翔力强，有趋光性，雌雄成虫交配后经1～2日后即产卵，卵散产在新梢上。幼虫孵化多从叶柄基部钻入新梢内为害，也有在叶柄内串食的，最后均转入粗枝内为害。幼虫有转移为害习性，至9月、10月即在枝条内进行越冬。

（十六）葡萄虎天牛

葡萄虎天牛别名葡萄枝天牛、葡萄脊虎天牛、葡萄虎斑天牛、葡萄斑天牛、葡萄天牛。分布于黑龙江、吉林、辽宁、山西、河北、山东、河南、安徽、江苏、浙江、湖北、陕西、四川等省份，寄主葡萄。

1.诊断识别

以幼虫蛀食嫩枝和一、二年生枝蔓，初孵幼虫多从芽基部蛀入茎内，多向基部蛀食，被害处变黑，隧道内充满虫粪而不排出，因横向切蛀，形成了一极易折断的地方，设施葡萄上3月开始出现萎蔫的新梢，露地葡萄每年5月、6月会大量出现新梢凋萎的断蔓现象，对葡萄生产影响较大（图92、图93）。

图92 被葡萄虎天牛幼虫为害的萎蔫枝梢（吕兴/提供）

图93 被葡萄虎天牛幼虫为害的萎蔫枝蔓（吕兴/提供）

成虫体长15～28毫米，头部和虫体大部分黑色，前胸及小盾片赤褐色，鞘翅黑色，基部具X形黄色斑纹，近末端具一黄色横纹。老熟幼虫体长约17毫米，头小黄白色，体淡黄褐色，无足，前胸背板宽大，后缘具山字形细凹纹，中胸至第八腹节背腹面具肉状突起（图94）。

图94 葡萄虎天牛成虫和蛹（吕兴 摄）

2.为害特点及生态条件

葡萄虎天牛一年发生1代，以幼虫在葡萄枝蔓内越冬。翌年保护地葡萄园在3月初就发现该虫为害导致的萎蔫新梢，并且多集中在葡萄4～5叶期。露地葡萄园一般5～6月开始出现萎蔫新梢，有时该虫将枝横向切断枝头脱落，向基部蛀食。7月老熟幼虫在被害枝蔓内化蛹。蛹期10～15天，8月为羽化盛期。卵散产于芽鳞缝隙、芽腋和叶腋的缝隙处，初孵幼虫多在芽附近浅皮下为害，11月开始越冬。幼虫孵化后，即蛀入新梢木质部内纵向为害，虫粪充满蛀道，不排出枝外，故从外表看不到堆粪情况，这是与葡萄透翅蛾的主要区别。落叶后，被害处的表皮变为黑色，易于辨别。

（十七）日本双棘长蠹

日本双棘长蠹主要分布在台湾、海南、广东、广西、四川、河南、河北、山东、天津、北京、甘肃等省份。除危害葡萄、核桃、苹果、海棠、柿等果树，还危害国槐、栾树、合欢、白蜡、山毛榉、槲树、刺槐等林木。日本双棘长蠹对葡萄的危害有日趋加重和扩散的趋势。

1.识别要点

日本双棘长蠹以成虫和幼虫蛀食枝蔓，越冬成虫一般从节部芽下蛀入，顺年轮方向环蛀一周，仅留下皮层和少许木质部，并排出大量的玉米面状的蛀屑。被害处以上枝蔓逐渐枯萎，遇风或手轻触极易折断。幼虫坑道甚密，纵向排列，坑道内填满了排泄物。新羽化成虫继续蛀食木质部，并在表皮咬出若干小孔，排出大量蛀屑，被害枝蔓千疮百孔，一触即折（图95、图96）。

图95　日本双棘长蠹为害状（李晓荣/提供）

图96　日本双棘长蠹成虫严重为害状（刘顺/提供）

成虫体长4.5～6.0毫米，圆柱形，黑褐色；前胸背板发达，帽状，盖住头部，前半部有齿状和颗粒状突起，后半部有刻点；鞘翅红褐色，其上密布较齐整的蜂窝状刻点，后部急剧向下倾斜，鞘翅斜面合缝两侧有1对棘状突起。老龄幼虫体长4.5～5.2毫米，乳白色，头小，蛴螬形（图97）。

图97　日本双棘长蠹越冬成虫及蛀道（刘顺/提供）

2.为害特点及生态条件

日本双棘长蠹在华北地区一年发生1代，以成虫在枝干韧皮部越冬。翌年3月中旬、下旬出蛰并蛀食葡萄枝蔓，补充营养。越冬成虫多从芽的下方蛀入，蛀孔直径2～3毫米，斜向上，蛀入节部后环形蛀食木质部，将蛀屑推出坑道。一头成虫可转蛀2～3个枝条。4月上旬交尾后雌虫爬出坑道，将产卵器刺入枝条表皮下，将卵散产于木质部外侧，每只雌虫产卵10多粒。4月中旬、下旬始见幼虫，幼虫顺枝条纵向蛀食木质部，粪便排于坑道内。随着龄期增长，坑道逐渐相连交错。5月下旬至7月中旬幼虫老熟后在坑道内陆续化蛹。6～8月出现成虫，常钻出为害枝干，并继续回到原枝干内为害。9月以后，成虫离开原为害处，转移到新枝干上蛀食、越冬。

三、不同生态区葡萄病虫害 生态防治技术

这部分着重介绍南方、西北、环渤海湾等不同生态区的生态条件、主要病虫害种类及防治技术。包括避雨栽培防病技术、新型高光效架势、抗性砧木及化学、生物农药的协调利用。

（一）南方产区葡萄病虫害生态防治技术

南方泛指长江以南的苏、沪、浙、鄂、湘、赣、闽、粤、桂、琼、滇、黔、川、渝、台15个省份的一部或全部。南方产区生态特点是热量丰富，雨量充沛、年降水量超过800毫米，年平均温度大多在14℃以上，空气和土壤湿度大，年平均相对空气湿度在70%以上，日照不足，而且雨热同季，6～8月湿度更高。高温高湿条件下病害严重，炭疽病、黑痘病、霜霉病和灰霉病是南方葡萄生产面临的主要病害。随着避雨栽培技术的应用推广，霜霉病、炭疽病和黑痘病得到有效控制，但灰霉病、白粉病逐年加重。栽

培管理水平低的葡萄园有的年份溃疡病危害严重。此外，随着一些品种的引进如阳光玫瑰，加重了病毒病的发生。南方葡萄上常发生的主要害虫有蓟马、绿盲蝽、葡萄二星叶蝉、葡萄短须螨、葡萄虎天牛等。

南方葡萄产区的葡萄病虫害生态防治技术以避雨栽培、套袋和高光效架势的应用和抗病品种、无毒苗的应用为主，并辅以高效低毒化学农药的应用以及果园卫生清洁等农业措施。

1.抗虫品种、抗病品种和无毒苗的应用

新栽植园应尽量选用无毒苗、抗病和抗虫品种。通常欧美品种比较抗病。调运葡萄苗时要选择健康无病毒病症状的苗木；自繁自育葡萄苗时，应从健康的、生产性状良好的母株上采集接穗和插条，在种植前用硫酸铜等进行浸泡消毒。葡萄品种间抗蚜性差异非常显著，如美洲产沙地葡萄及岸边葡萄抗蚜性强，可用其作砧木，以当地优良品种作接穗，同时选择不适宜于葡萄根瘤蚜的沙荒地进行开发，建立无虫苗圃。

为了防止葡萄根瘤蚜的扩散蔓延，调运苗木时要严格检疫，禁止从疫区调运苗木。此外，在苗木调运前和栽种前进行消毒处理。苗木消毒方法有：使用80%敌敌畏乳油600～800倍液或50%辛硫磷乳油800～1 000倍液，浸泡枝条或苗木15分钟，捞出晾干后调运。98%溴甲烷气体制剂熏蒸处理：在20～30℃的条件下，每立方米的使用剂量为30克左右，熏蒸3～5小时。

2.避雨栽培技术

避雨栽培改变了南方葡萄生长的环境，避雨条件下，与降雨密切相关的病害霜霉病、炭疽病和黑痘病得到了有效控制。在葡萄叶幕的上方，覆盖塑料膜避开雨水淋润叶片，这是我国最早的架上避雨棚，后来各地根据当地的栽培环境、架形和叶幕性状不断改进，开发出各式低成本的竹弓避雨棚，避雨方式多样，常见的有三种。

（1）镀锌高碳钢丝网棚。用直径4～5毫米的高碳钢丝焊制成宽250厘米、长200厘米的网片，网格间距分别是62.5厘米和40厘米，镀锌后直接与葡萄架面连接成为拱形小棚，铺盖塑料膜后可保护棚下葡萄叶片不被雨水淋湿（图98）。

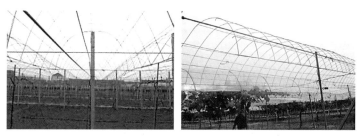

图98　镀锌高碳钢丝网棚的构造与设施方法
（左：网片拱成小棚后的状况；右：覆膜后状况）

（2）竹片避雨棚。用宽度5厘米、长度2.5～2.8米的毛竹片弯成弓形，以40厘米左右的间距绑缚到架面，形成架面小棚，铺盖塑料膜后可保护棚下葡萄叶片不被雨水淋湿（图99）。

图99　竹片避雨棚的结构及保温促成管理技术

（3）连栋塑料温室。用镀锌钢管作拱架、10厘米×5厘米×0.25厘米方钢管作立柱做成易排水联栋避雨棚，单栋跨度800厘米，造价每亩7万～8万元。基本结构如图100。

图100　连栋塑料温室构造

3.果穗套袋栽培

为了减少果穗病害和虫害，促进着色，果穗要套袋。套袋要及早进行，在第二次疏粒后即可实施，红紫色品种用透光高的白色袋为好，绿色、黄色品种则宜用深色（棕色）袋。研究发现，先锋等紫红色品种，套一层纸袋，上色鲜艳。

葡萄套袋后直到采收一般不去掉袋，装箱销售前才取掉袋子，这样可以避免采收过程中手触摸果穗破坏果面的果粉层。但采收两周前需要将袋的底部撕开，增加散射光进入，上色更好。采用肩部彩色袋，可以减少气灼病的发生（图101）。

图101　套肩部着色的果袋可减少气灼病的发生（段长青　摄）

4.高光效架势树形的选择

葡萄是藤本植物，树冠造型容易，只有通过人工整枝造型，培养一种合适的树形构造，使树体能有良好的叶幕层，最大的有效叶面积，良好的光照条件，才能创造葡萄生长的良好生态条件，不利于病害的发生。叶幕光照均匀、光能利用率高的棚架型树形如T形、H形、Y形等树形，简化了修剪技术、大大改善了叶幕光照状况，减少了光能浪费，对降低病虫害发生，提高南方葡萄品质起到了积极作用。

（1）Y形。这是南方避雨设施内经常采用的一种树形（图102）。主蔓或结果母蔓沿第一道铅丝水平牵引（高度80厘米），新梢则左右交互向两侧牵引，形成60°左右夹角的V形叶幕（图103）。树行间的叶幕呈现为波浪形，光照条件均匀，光能截获率较高。

图102　Y形整枝（王世平　摄）　　　图103　叶幕呈V形
　　　　　　　　　　　　　　　　　　　　　　（王世平　摄）

（2）T形。采用株距2米的栽培间距时，选用T形树形，主干高度1.8～2.0米，顶部配置两个对生的主蔓。主蔓上直接配置结果母枝，其配置密度为每米10个。每亩配置结果母枝3 300个，每个母枝选留新梢1个，每新梢留果穗1串，每串0.5千克左右，亩产量可控制在1 500千克左右（图104）。

图104　T形树形（孙其宝　摄）

　　主干高度1.8 ~ 2.0米，顶部以主干为原点沿架面垂直方向配置两个90 ~ 100厘米的中心主蔓，中心主蔓两端各配置两个对生的主蔓，与中心主蔓垂直，在架面水平延伸，两个主蔓间距1.8 ~ 2.0米，呈H形（图105）。主蔓上直接配置结果母枝，其配置密度为每米10个，每亩配置结果母枝3 300个，每个母枝选留新梢1个，每新梢留果穗1串，每串0.5千克左右，亩产量可控制在1 500千克左右。适合于短梢修剪的棚架树形，在露地和设施大棚内均有应用。也可以培养4个主蔓呈双H形，新梢由侧蔓分生，每年进行单芽或痕芽的超短梢修剪。

图105　H形树形（孙其宝　摄）

5.果园卫生清洁

（1）休眠期。做好冬季的清园工作，减少越冬病原菌和越冬害虫的数量，从而减缓生长季葡萄病虫害的发展。冬季进行修剪时，剪除带病虫的枝梢及残存的病果，刮除病、老树皮，彻底清除果园内的枯枝、落叶、烂果等。

（2）生长期。生长季节及时摘除病虫果、病虫叶和病虫梢，降低田间病原菌数量和害虫种群数量。注意剪除的果穗和其他病组织要集中处理或销毁，不能留在田间，防止其在田间传播。

（3）收获期。应彻底清除病果，避免储运期病害扩展蔓延。

（4）收获后。及时清除田间病果、落叶、枝条等，集中销毁。

6.加强栽培管理，增强树势，提高葡萄树自身抗病虫害能力

合理肥水，增施磷钾肥，避免偏施氮肥，增强树势。地势低洼的果园，要搞好雨后排水，防止果园积水。行间除草、摘梢绑蔓等田间管理工作要及时，使园内有良好的通风透光状况，降低田间湿度。适当疏花疏果，控制果实负载量。

7.生物和化学防治协调应用

（1）休眠期和萌芽期。在葡萄落叶前和葡萄萌芽

期喷施石硫合剂进行清园和铲除病原菌和害虫，对白粉病、毛毡病和螨类害虫等有很好的控制作用；若设施栽培在休眠期进行棚室消毒，消毒方法可用硫黄熏蒸或杀菌剂烟剂烟熏，硫黄熏蒸按每100米^{2}用硫黄粉0.27 ～ 0.45千克加0.9千克锯末或其他助燃剂点燃熏蒸，密闭熏闷一昼夜。

（2）花期。花期是葡萄灰霉病菌侵染的关键期。在花前、盛花期和盛花期之后10天喷施3次防治灰霉病的药剂。施药方法为果穗喷雾。对葡萄灰霉病防治效果比较好的药剂有：1×10^6孢子/克寡雄腐霉菌可湿性粉剂1 000 ～ 2 000倍液、50%咯菌腈可湿性粉剂5 000倍液、50%啶酰菌胺水分散粒剂1 000 ～ 3 000倍液、42.4%唑醚·氟酰胺悬浮剂3 000 ～ 5 000倍液。

开花之前是多种害虫出蛰开始为害期，如绿盲蝽、二星叶蝉、蓟马、螨类等，因此，开花之前也是防治害虫的关键时期。在蓟马发生严重的果园，开花之前喷施2.5%多杀菌素悬浮剂1 000 ～ 1 500倍液、6%乙基多杀菌素悬浮剂3 000 ～ 4 000倍液喷雾或1.8%阿维菌素乳油3 000倍液。对于绿盲蝽或二星叶蝉发生严重的果园，在开花前喷施22%氟啶虫胺腈悬浮剂4 500 ～ 6 000倍液、20%氯虫苯甲酰胺悬浮剂2 000 ～ 3 000倍液或5%高效氯氟氰菊酯乳油3 000 ～ 4 000倍液。对于螨类发生严重的果园，喷施5%唑螨酯悬浮剂2 000 ～ 3 000倍液、20%哒螨灵可湿性粉剂1 500 ～ 2 000倍液、50%溴螨酯乳油2 000 ～ 2 500倍液或1.8%阿维菌素乳油

1 500 ～ 2 000倍液。

（3）幼果期。幼果期是白粉病侵染果实的主要时期，若白粉病重的葡萄园可幼果期喷施1 ～ 2次防治白粉病的药剂，药剂可选用25%吡唑醚菌酯乳油2 000倍液（兼治白粉病、霜霉病）。叶部白粉病的防治在发病初期及时进行药剂防治，三唑类杀菌剂对白粉病菌有很好的治疗作用，如10%苯醚甲环唑水分散粒剂2 000倍液、62.25%可湿性粉剂600 ～ 800倍液、25%吡唑醚菌酯乳油2 000倍液或80%戊唑醇6 000 ～ 10 000倍液。

幼果期也是绿盲蝽、蓟马猖獗为害期，康氏粉蚧也开始上果为害，幼果期喷施6%乙基多杀菌素悬浮剂3 000 ～ 4 000倍液可以控制蓟马的危害。套袋前喷施22%氟啶虫胺腈悬浮剂4 500 ～ 6 000倍液、20%氯虫苯甲酰胺悬浮剂2 000 ～ 3 000倍液或22.4%螺虫乙酯悬浮剂4 000 ～ 5 000倍液，可以控制绿盲蝽和介壳虫。

（4）白粉病防治中应注意的问题。喷药时间要在发病前或发病初期开始用药，发病期要连续用药2 ～ 4次，才能有效控制病害。防治白粉病的硫制剂和三唑类药剂要注意药害问题。石硫合剂和硫黄胶悬剂对白粉病的防治效果很好，但容易发生药害和污染果面，通常在休眠期和果实采收后进行清园和铲除作业时使用比较好。三唑类药剂如苯醚甲环唑、晴菌唑、氟桂唑、戊唑醇连续过量施用容易产生药害。叶片的药害表现是叶片颜色暗绿，叶片硬而脆易破裂，生长受到抑制，果实成熟易裂口。

（5）科学用药，提高防治效果。用药时避免单一药剂连续长期使用。保护剂和治疗剂应交替使用，做到喷药周到均匀，果实、叶面、枝梢等幼嫩绿色部分都应均匀着药。

（二）西北产区葡萄病虫害防控技术

西北产区包括新疆、宁夏和甘肃，葡萄种植总面积为346万亩，其中新疆葡萄种植总面积约203万亩。据宁夏统计，2014年贺兰山东麓葡萄种植面积51万亩，其中酿酒葡萄43万亩。据甘肃统计，截至2014年，葡萄总面积达39.11万亩。西北产区是我国葡萄优势产区，也是我国酿酒葡萄的主产区。大部分葡萄产区自然降水少，气候干燥、光照充足、昼夜温差大，宁夏年平均降水量仅有193.4毫米，病害发生相对较少。新疆是我国日照时数最多的地区之一，全年日照时数达2 550～3 500小时，宁夏全年日照时数达3 000小时以上。这一地区晚霜及冬季低温冻害发生频繁，对葡萄生产造成了较大的影响；随着葡萄树龄的增加，这个地区病害有逐年加重的趋势。常年发生的病害有霜霉病、白粉病和灰霉病。近年来，冻害导致的枝干病害在生产上也有一定的影响；病毒病和根癌病也有发生。西北地区葡萄园主要害虫有葡萄缺节瘿螨、葡萄短须螨、二斑叶螨，蓟马、叶蝉、铜绿丽金龟、白星花金龟等。

西北产区葡萄病害的生态防控技术应以"采用健

康苗木及高效栽培技术为主、科学用药为辅"的生态防控技术。

1.规范苗木培育，严格实施苗木调运的检疫制度，进行苗木消毒

葡萄根瘤蚜、病毒病和根癌病主要随苗木和种条远距离传播。调运葡萄苗时要选择健康无病毒病症状的苗木，自繁自育葡萄苗时，应从健康的、生产性状良好的母株上采集接穗和插条。为了防止苗木和种条传带根癌病，不要从有根癌病的地区或苗圃引进苗木，并在种植前用硫酸铜等进行浸泡消毒。消毒的方法为100倍硫酸铜水溶液，浸泡苗木5分钟；或52～54℃的清水浸泡苗木5分钟，然后用80%波尔多液200倍液涮苗木，使苗木的根、枝蔓均匀着药。苗木处理后，再栽种。

建园时为了防止葡萄根瘤蚜随苗木传入，要严格实施检疫，禁止从疫区调运苗木。此外，在苗木调运前和栽种前仔细检查根部，并进行消毒处理。苗木消毒方法有：使用80%敌敌畏乳油600～800倍液或50%辛硫磷乳油800～1 000倍液，浸泡枝条或苗木15分钟，捞出晾干后调运。98%溴甲烷气体制剂熏蒸处理：在20～30℃的条件下，每立方米的使用剂量为30克左右，熏蒸3～5小时。

2.果园卫生

（1）生长期。及时剪除带病、虫的果穗、枝条及

叶片，注意剪除带病虫的果穗和其他组织后要集中处理或销毁；不能留在田间，防止病菌和害虫在田间传播。

（2）收获期。收获时，应彻底清除病果，避免储运期病害扩展蔓延。

（3）休眠期。冬季清扫落叶，剪除病枝和虫枝，并进行深翻，以达到清除或减少越冬菌源的目的。

3.栽培技术

加强栽培管理，选用直立篱架－倾斜水平龙干树形，进行控产栽培，产量控制在750千克左右，增强树势，改善植株生长的生态环境，提高植株抗逆性和果实品质。

4.化学防治与生物防治

（1）葡萄休眠期和萌芽期。葡萄萌芽期、果实收获后埋土前各喷施一次石硫合剂。

（2）开花期。花前、花后各用一次铜制剂。常用的铜制剂有：80%波尔多液可湿性粉剂400～600倍液、77%硫酸铜钙可湿性粉剂500～700倍液、30%王铜悬浮剂800～1 000倍液。花前也可喷施一次80%代森锰锌可湿性粉剂800倍液，同时还兼防葡萄白粉病、穗轴褐枯和毛毡病。花期是葡萄花穗被侵染的关键期。在花期可采用花穗喷药防治灰霉病，在盛花期和其后10天两次用药，药剂可选用：寡雄腐霉菌1 000倍液、50%咯菌腈5 000倍液或42.4%唑醚·氟酰胺悬浮剂3 000～5 000倍液。

开花之前各种越冬出蛰害虫开始为害，此时是喷药防治害虫的关键期，根据果园发生的害虫的种类、数量，确定是否喷施杀虫剂、杀螨剂。在蓟马发生严重的果园，开花之前喷施2.5%多杀菌素悬浮剂1 000～1 500倍液、6%乙基多杀菌素悬浮剂3 000～4 000倍液喷雾或1.8%阿维菌素乳油3 000倍液。对于绿盲蝽或二星叶蝉发生严重的果园，在开花前喷施22%氟啶虫胺腈悬浮剂4 500～6 000倍液、20%氯虫苯甲酰胺悬浮剂2 000～3 000倍液或5%高效氯氟氰菊酯乳油3 000～4 000倍液。对于螨类发生严重的果园，喷施5%唑螨酯悬浮剂2 000～3 000倍液、20%哒螨灵可湿性粉剂1 500～2 000倍液、50%溴螨酯乳油2 000～2 500倍液或1.8%阿维菌素乳油1 500～2 000倍液。

（3）幼果期。喷施1次25%吡唑醚菌酯乳油2 000倍液，重点喷施果穗，在套袋前再喷施1次25%吡唑醚菌酯乳油2 000倍液，主要针对果实霜霉病，兼治灰霉病、白腐病和白粉病。

幼果期也是绿盲蝽、蓟马猖獗为害期，康氏粉蚧也开始上果为害，幼果期喷施6%乙基多杀菌素悬浮剂3 000～4 000倍液可以控制蓟马的危害。套袋前喷施22%氟啶虫胺腈悬浮剂4 500～6 000倍液、20%氯虫苯甲酰胺悬浮剂2 000～3 000倍液或22.4%螺虫乙酯悬浮剂4 000～5 000倍液，可以控制绿盲蝽和介壳虫。如果螨类发生严重，可以根据害螨的种类选择杀螨剂喷药防治。二斑叶螨前期先在树下杂草上繁殖为害，6月之前如果杂草上二斑叶螨种群数量较大，需要往杂草上喷施杀螨剂，如5%唑螨酯悬浮剂2 000～3 000倍液、20%哒螨灵可湿性粉剂1 500～2 000倍液、50%溴螨酯乳油2 000～2 500倍液或1.8%阿维菌素乳油1 500～2 000倍液等，阻止其上树为害。生草的果园，喷杀螨剂之后再割草。

（4）幼果期—收获期。这段时间是霜霉病发生的主要时期，根据降雨和病害发生情况，雨后进行喷药，可以铜制剂和控制霜霉病的药剂交替使用。常用的种类有：25%精甲霜灵2 500倍液、72%霜脲氰锰锌1 500倍液、25%吡唑醚菌酯2 000倍液（兼治白粉病）、50%烯酰吗啉1 000倍液。收获后根据当年发生情况，霜霉病严重的，喷施1～2次铜制剂，若白粉病严重则再喷施一次硫制剂。

斜纹夜蛾经常爆发成灾，做好监测，在幼虫3龄之前喷施高效低毒杀虫剂进行防治。常用药剂有：25%灭幼脲悬浮剂1 500～2 000倍液、20%虫酰肼悬浮剂1 500～2 000倍液、240克/升甲氧虫酰肼悬浮剂3 000～4 000倍液、25%除虫脲可湿性粉剂1 500～2 000倍液、50克/升虱螨脲悬浮剂1 500～2 000倍液、35%氯虫苯甲酰胺水分散粒剂8 000～10 000倍液、10%氟苯虫酰胺悬浮剂1 500～2 000倍液、10%烟碱乳油1 000～1 500倍液、1.8%阿维菌素乳油2 500～3 000倍液、5%甲氨基阿维菌素苯甲酸盐微乳剂6 000～8 000倍液。

（三）环渤海湾产区葡萄病虫害生态控制技术

环渤海湾产区（包括天津、北京、河北、山西、山东及辽宁），是葡萄的重要产区，2014年统计该区域葡萄种植面积为284.08万亩，其中河北葡萄栽培面积为122.1万亩，河北省葡萄栽培面积和年产量均位居全国第二位。山东和山西葡萄栽培面积依次为59.85万亩、39.3余万亩，为传统栽培鲜食葡萄的省份。其中河北的宣化、昌黎，山西清徐，山东平度大泽山等也是我国历史上著名的葡萄产地。该区域也是酿酒葡萄的适宜栽植地，山东45%的葡萄是酿酒葡萄，这个区域多数埋土防寒，年降水量平均在400～750毫米，如河北张家口市的怀涿盆地，全年日照时数达3 031小时，日照率68%，有效光辐射611千焦/厘米^2，≥10℃期间的日照时数1 650小时，占年总日照时数的53%，光照充足；怀涿地区年平均气温12.5℃左右，无霜期80～160天，年有效积温1 318～1 700℃，葡萄上糖期（7～10月），昼夜温差较大，日较差平均达12.5℃，最高达25℃，有利于糖分积累。年平均降水量400毫米左右，多集中在6～8月，水热系数0.9～1.5，秋季葡萄采摘期基本无降雨，对减少裂果、防止果实霉变以及促进糖酸比例协调极为有利。山西省地处黄土高原，是环渤海湾、西北地区的交界省份，其气候带有典型西北地区的气候特征，土层深厚，光照、热量充足，适于不同成熟期的葡萄品种生长发育。山西省临汾市的部分高海拔丘陵地区至太原市以南地区，年降水量在400～560毫米，有效积温在3 200～3 700℃，在葡萄成熟的7月、8月、9月的水热系数均在1.5左右。山东省属于暖温带季风气候，四季分明，气候温和，雨量集中。夏季盛行偏南风，炎热多雨；冬季多偏北风，寒冷干燥；春季天气多变，干旱少雨多风沙；秋季天气晴爽，冷暖适中。山东省大部分地区年平均降水量在600～750毫米。环渤海湾产区栽培的鲜食葡萄品种主要有巨峰、红地球和玫瑰香等，酿酒葡萄以赤霞珠为主。该区域由于埋土防寒、夏季炎热多雨，葡萄病害发生严重，主要病害是霜霉病、灰霉病、炭疽病和白腐病。近年来，枝干病害逐年加重，白粉病和酸腐病在一些地区危害严重。常年需要防治的病害种类有：霜霉病、灰霉病、炭疽病、白腐病、酸腐病等。需要防治的主要害虫有：绿盲蝽、二星叶蝉、蓟马。需要防治的偶发性害虫有：葡萄透翅蛾、葡萄虎天牛、葡萄天蛾、日本双棘长蠹、斑衣蜡蝉等。

1.架势改良及高光效架型的应用

适当抬高篱架结果部位，以解决结果部位偏低、果实病害严重的问题。特别是对长势强、花芽分化差、易发生日灼的品种更应该改良架式，推广使用Y形架、水平棚架；酿酒葡萄采用厂字形篱架，利于浆果质量的控制。采用倾斜主干Y形架、水平棚架等也方便埋土防寒，避免造成枝干伤害，减少病害的发生。

2.应用抗性砧木和健康苗木

可利用抗寒砧木减少埋土厚度和减少冻害，提高植株的抗病性。葡萄品种间抗蚜性差异非常显著，如美洲产沙地葡萄及岸边葡萄抗蚜性强，可用其作砧木，以当地优良品种作接穗，同时选择不适宜于葡萄根瘤蚜的沙荒地开发建立无虫苗圃。

为了防止葡萄根瘤蚜的发生，调运苗木时要严格检疫，禁止从疫区调运苗木，防止此虫传播蔓延。此外，在苗木调运前和栽种前进行消毒处理。苗木消毒方法有：使用80%敌敌畏乳油600～800倍液或50%辛硫磷乳油800～1 000倍液，浸泡枝条或苗木15分钟，捞出晾干后调运。或者用98%溴甲烷气体制剂熏蒸处理：在20～30℃的条件下，每立方米的使用剂量为30克左右，熏蒸3～5小时。

3.清园措施

在田间生长期、收获期和休眠期，及时清除枯枝烂叶，剪除虫枝、虫叶和病组织，剪下的枝条严禁堆放田间地头，应统一集中销毁处理，减少田间菌量。

4.避雨栽培

在雨水多的地区可采用避雨栽培控制霜霉病、

白腐病和炭疽病等病害，具体操作参照南方产区的方案。

5.化学防治

（1）在葡萄萌芽期喷施一次石硫合剂。

（2）花序分离至花前喷施杀虫剂防治。这个阶段是各种害虫出蛰为害期，如蓟马、二星叶蝉、绿盲蝽、螨类等害虫，此时是喷药防治害虫的关键期。做好虫情监测，根据害虫发生的种类和数量，确定喷施杀虫剂或杀螨剂。在蓟马发生严重的果园，开花之前喷施2.5%多杀菌素悬浮剂1 000 ～ 1 500倍液、6%乙基多杀菌素悬浮剂3 000 ～ 4 000倍液喷雾或1.8%阿维菌素乳油3 000倍液。对于绿盲蝽或二星叶蝉发生严重的果园，在开花前喷施22%氟啶虫胺腈悬浮剂4 500 ～ 6 000倍液、20%氯虫苯甲酰胺悬浮剂2 000 ～ 3 000倍液或5%高效氯氟氰菊酯乳油3 000 ～ 4 000倍液。对于螨类发生严重的果园，喷施5%唑螨酯悬浮剂2 000 ～ 3 000倍液、20%哒螨灵可湿性粉剂1 500 ～ 2 000倍液、50%溴螨酯乳油2 000 ～ 2 500倍液或1.8%阿维菌素乳油1 500 ～ 2 000倍液。

（3）花前、花后各用一次铜制剂。常用的铜制剂有：80%波尔多液可湿性粉剂400 ～ 600倍液、30%王铜800 ～ 1 000倍液或77%硫酸铜钙可湿性粉剂500 ～ 700倍液。葡萄收获后埋土前喷施1 ～ 2次铜制剂。

（4）花期施药防治灰霉病。在盛花期和花后10天花穗喷药两次防治灰霉病，重点喷施花穗。喷施的药剂可选择：1×10^6孢子/克寡雄腐霉菌可湿性粉剂1 000～2 000倍液、50%咯菌腈可湿性粉剂5 000倍液、50%啶酰菌胺水分散粒剂1 000～3 000倍液或42.4%唑醚·氟酰胺悬浮剂3 000～5 000倍液。在转色期出现少量果穗灰霉病，可采用摘除病果穗及时销毁，避免田间再侵染蔓延。

（5）幼果期施药防治霜霉病、蓟马、绿盲蝽和康氏粉蚧。喷施一次25%吡唑醚菌酯乳油2 000倍液，重点喷施果穗，可以防治霜霉病，兼治白粉病、灰霉病、炭疽病和白腐病。

幼果期也是绿盲蝽、蓟马猖獗为害期，幼果期喷施6%乙基多杀菌素悬浮剂3 000～4 000倍液可以控制蓟马的危害。绿盲蝽和二星叶蝉发生严重的果园，套袋前应喷施一遍22%氟啶虫胺腈悬浮剂4 500～6 000倍液或22.4%螺虫乙酯悬浮剂4 000～5 000倍液等杀虫剂。如果螨类发生严重，可以根据害螨的种类选择杀螨剂喷药防治。二斑叶螨前期先在树下杂草上繁殖为害，6月之前如果杂草上二斑叶螨种群数量较大，需要往杂草上喷施杀螨剂5%唑螨酯悬浮剂2 000～3 000倍液、20%哒螨灵可湿性粉剂1 500～2 000倍液、50%溴螨酯乳油2 000～2 500倍液或1.8%阿维菌素乳油1 500～2 000倍液等杀螨剂，阻止其上树为害。生草的果园，喷杀螨剂之后再割草。

6.生长季节葡萄霜霉病的防控

加强病害预测预报，田间发现霜霉病时（通常降雨或大水灌后，5～6月），严格控制其初侵染，可选用25%精甲霜灵2 500倍液、72%霜脲氰锰锌1 500倍液、25%吡唑醚菌酯2 000倍液（兼治白粉病）、50%烯酰吗啉1 000倍液；也可选用治疗剂与铜制剂交替应用。通常根据降雨和病害发生情况施药，每次降雨后喷施药剂，上述几种药剂交替使用。通常一个生长季用5～7次，防治霜霉病喷药应重点喷施叶背，药剂喷施要均匀周到。

7.炭疽病的防治

套袋前喷施一次药剂，重点喷施果实，喷药后套袋。对炭疽病比较有效的药剂有：10%苯醚甲环唑分散粒剂800～1 000倍液、325克/升苯甲嘧菌酯悬浮剂2 000倍或80%戊唑醇6 000～10 000倍液。

酿酒葡萄通常不进行套袋，环渤海区域易发生炭疽病，比较易感病的品种如霞多丽、雷司令、小芒森等。在果实转色至成熟期进行喷药防治，药剂同上。

8.其他病害的控制

白腐病通常是遇有冰雹的年份会大发生，因此冰雹过后24小时内进行喷药保护，避免白腐病大发生；风雨多的年份容易发生。对白腐病比较有效的药剂有：10%苯醚甲环唑分散粒剂800 ～ 1 000倍液、325克/升苯甲嘧菌酯悬浮剂2 000倍液、80%戊唑醇6 000 ～ 10 000倍液或25%吡唑醚菌酯乳油2 000倍液。

酸腐病的控制重点是避免果实造成伤口，可采用结果带覆盖防鸟（雹）网，也可采用酒醋液诱集果蝇等昆虫。

9.葡萄病害防控技术模式图（图106）

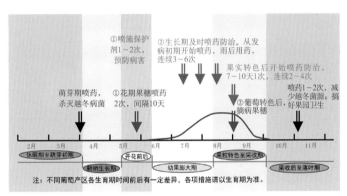

图106　葡萄病害防控技术模式

10.葡萄虫害防治技术规范（表1）

表1　葡萄虫害防治技术规范

时　　期	措　　施	备　　注
发芽前	5波美度石硫合剂（或铜制剂等）	在病害防治中进行，对病虫起到铲除作用

（续）

时　期		措　施	备　注
发芽后—开花前	2～3片叶	剪除发蔫的枝梢、虫枝，从排粪孔处注射有机磷或菊酯类杀虫剂100倍液，防治葡萄虎天牛、日本双棘长蠹及葡萄透翅蛾等枝干害虫	开花前（4月底5月初）喷施1次杀虫剂，可以兼治绿盲蝽、康氏粉蚧、叶蝉、棉铃虫等多种害虫
	花序分离至开花前	杀虫剂（如氯虫苯甲酰胺、联苯菊酯、辛硫磷·氰戊菊酯、高效氯氰菊酯、甲氨基阿维菌素苯甲酸盐或吡蚜酮等）（4月底至5月初）	
谢花后—套袋前	谢花后2～3天		6月上中旬喷施一次杀虫剂，防治蓟马、叶蝉、斑衣蜡蝉等害虫
	谢花后15天左右	喷施杀虫剂（乙基多杀菌素、阿维菌素+噻虫嗪、高效氯氰菊酯+吡虫啉等）用于防治蓟马、叶蝉、康氏粉蚧等害虫（6月上旬、中旬）	
套袋后—摘袋前	6月中下旬	发生二斑叶螨的果园，喷施杀螨剂防治	大部分果园这个阶段不用喷施杀虫剂和杀螨剂，个别果园在某些害虫发生严重的情况下，根据害虫的种类选择杀虫剂
	8～9月	零星发生美国白蛾的果园，及时摘除虫叶；当美国白蛾、斜纹夜蛾大发生时，在低龄幼虫期喷施灭幼脲、甲氨基阿维菌素苯甲酸盐等药剂。葡萄虎天牛发生严重的果园，在成虫发生期喷施高效氯氰菊酯微胶囊剂	

（续）

时　　期	措　　施	备　　注
采收期		不使用药剂
采收后		结合病害的防控，喷施石硫合剂

11.北京昌平香味园葡萄病害绿色防控技术应用示范案例

品种：玫瑰香。架型：独龙干（图107）+直立叶幕。套袋栽培，铺设园艺地布。根据病情与降雨情况进行药剂防治，防治规程及效果见表2。

表2　香味园葡萄绿色防控技术规程及效果

主要病害	霜霉病、白粉病、灰霉病和酸腐病等病害	近年来该园区果实病害发生较重，有些品种（意大利、泽香等）烂果率在一半以上；由于采摘期限制使用化学农药，导致果实成熟阶段的白粉病、霜霉病和一些螨类害虫发生较为严重	
主要虫害	绿盲蝽、螨类害虫等		
绿色植保示范区	侵染关键期（花期和幼果期）进行果穗施药控制葡萄果实病害； 全程监控用药适时防控霜霉病； 整合栽培技术、生物、化学控制病虫害的发生	优点	病害得到高效控制； 投入成本约294元/亩/年； 玫瑰香霜霉病病情指数0.78，泽香霜霉病病情指数0.15~1.64
		缺点	整个生长期用药达到10次（包括多次使用化学药剂）； 有些虫害发生较重，需进一步提升防控措施。还需在病虫害控制基础上进行品质提升

图107　香味园葡萄绿色防控技术示范现场
（"独龙干"架势）

（四）东北地区山葡萄病害防治技术规程

山葡萄（图108）是起源于我国的野生种葡萄，对白粉病、白腐病、炭疽病和黑痘病有较强的抵抗力。山葡萄病害主要是霜霉病，霜霉病一般年份在6月中旬、下旬开始发生。个别年份（多阴雨）有些品种如左优红等灰霉病发生严重，甚至绝收。虫害为叶蝉、虎天牛、绿盲蝽等。山葡萄是葡萄属中最抗寒的一个种，枝蔓可耐－45℃低温，根系可耐－16～－14℃低温。目前，在吉林省有大面积栽培，作为具有中国特色的酿酒葡萄其酒质风味独特，在区域经济中发挥着越来越重要的作用。

山葡萄主要种植在吉林省东部，包括白山地区、通化地区、延边地区等。该区域年降水量偏多，为800～1 100毫米，无霜期115～135天，≥10℃

有效积温2 300～3 500℃，土壤偏酸性、肥沃较黏重。该区域主要为酿造甜红山葡萄酒品种双优和双红、酿造干红山葡萄酒品种左优红、雪兰红及酿造冰红山葡萄酒新品种北冰红，总面积约10.65万亩，占全区总面积的94.68%。公酿1号在吉林省集安市和柳河县共栽培0.6万亩，其果实主要用于生产浓缩果汁。

图108　山葡萄（艾军　摄）

1.规范苗木培育，栽植健康无病、无虫葡萄苗

病毒病和根癌病主要随苗木和种条远距离传播。调运葡萄苗时要选择健康无病毒病症状的苗木；自繁自育葡萄苗时，应从健康的、生产性状良好的母株上采集接穗和插条。为了防止苗木和种条传带根癌病，不要从有根癌病的地区或苗圃引进苗木，并在种植前用硫酸铜等进行浸泡消毒。

2.加强栽培管理

选用直立篱架—倾斜水平龙干树形（图109），控产栽培，产量控制在600～750千克，增强树势，改善植株生长的生态环境，提高植株抗逆性和果实品质。

图109　直立篱架—倾斜水平龙干树形（艾军　摄）

3.清除田间病残体，减少病害侵染源和降低害虫虫源基数

在田间生长期及收获期，及时清除枯枝烂叶，摘除虫叶、虫果和虫枝，统一集中销毁处理，减少田间菌量和虫量。

4.进行药剂保护，防控葡萄霜霉病

在葡萄萌芽期喷施一次石硫合剂；花前、花后

各用一次铜制剂或代森锰锌，80%波尔多液可湿性粉剂施用400 ~ 600倍液或77%硫酸铜钙可湿性粉剂500 ~ 700倍液，42%代森锰锌悬浮剂600 ~ 800倍液或80%代森锰锌800倍液，葡萄收获后埋土前喷施1 ~ 2次铜制剂。

5.监测病害，保护剂和治疗剂协调应用控制霜霉病

加强病害预测预报，田间发现霜霉病时（通常降雨或大水灌后，5 ~ 6月），应严格控制初侵染，可选用25%精甲霜灵2 500倍液、72%霜脲氰锰锌1 500倍、25%吡唑醚菌酯2 000倍液（兼治白粉病）、50%烯酰吗啉800 ~ 1 000倍液；也可选用治疗剂与铜制剂交替应用。通常根据降雨和病害发生情况施药，每次降雨后喷施，上述几种药剂交替使用，一个生长季用5 ~ 7次。防治霜霉病喷药应重点喷施叶背，药剂喷施要均匀周到。

6.花期施药防治灰霉病

在盛花期和花后10天花穗喷药2次，喷施的药剂可选择：50%咯菌腈可湿性粉剂5 000倍液或42.4%唑醚·氟酰胺悬浮剂3 000 ~ 5 000倍液。在转色期出现少量果穗灰霉病，可摘除病果穗及时销毁，避免田间再侵染蔓延。

7.害虫防治

开花前和幼果期是喷药防治叶蝉、绿盲蝽等害

虫关键期。葡萄萌芽后开始监测害虫的发生动态，如果叶蝉、绿盲蝽等害虫发生严重，在花前或幼果期喷施氟啶虫胺腈悬浮剂4 500～6 000倍液或22.4%螺虫乙酯悬浮剂4 000～5 000倍液；如果螨类发生严重，喷施5%唑螨酯悬浮剂2 000～3 000倍液、20%哒螨灵可湿性粉剂1 500～2 000倍液、50%溴螨酯乳油2 000～2 500倍液或1.8%阿维菌素乳油1 500～2 000倍液等杀螨剂。

（五）北方地区设施葡萄病虫害绿色防控技术

栽培模式多样化是目前我国葡萄产业的重要特点。栽培方式已从传统的露地栽培发展到现代高效农业栽培，其中设施栽培是高效农业栽培的主要模式。葡萄设施栽培的发展，不仅扩大了栽培区域，延长了果品上市供应期，而且显著提高了葡萄产业的经济效益和社会效益。截至2013年底我国设施葡萄栽培面积已经有200余万亩，占我国葡萄栽培总面积的20%左右，涉及促早栽培、延迟栽培和避雨栽培等多种模式。其中避雨栽培面积最大，主要集中在以长江三角洲为核心的南方葡萄产区，面积达150万亩；促早栽培面积居于其次，超过50万亩，主要集中分布在环渤海湾葡萄产区及东北地区，近几年西北及新疆促早栽培面积增加较快；延迟栽培发展迅速，面积已达3万亩，主要集中分布在西北干旱产区的甘肃等地。

北方设施栽培葡萄的主要病害是灰霉病和白粉

病，有时也有病毒病和根癌病。新建果园在品种选育上应优先选用抗病品种。葡萄休眠期利用硫黄或烟剂进行棚室消毒，以生态调控为主，采用高光效架势提高葡萄生境，避免与瓜类作物间作。春季套种蔬菜严格控制棚内温湿度，相对空气湿度在70%以下，遇有春季阴雨天气采用百菌清或腐霉利烟剂熏蒸。对白粉病发生严重的棚在葡萄萌芽期喷施石硫合剂；在葡萄采收后喷施1～2次铜制剂和1次石硫合剂。葡萄生长期进行病害监测，发病初期采用生物或化学药剂防治，施药2～3次。

1.选用抗病品种和抗虫品种，栽植健康无病无虫葡萄苗

新建园在选择品种时应考虑品种的抗病性，合理进行品种搭配，通过抗病品种的选用达到对病害的控制目的。通常欧美种对白粉病抗病性强，可以选用一些果穗紧密的品种对灰霉病抗性差，不宜选用如京香玉、红地球、红宝石等；对溃疡病抗性比较好的品种如美人指、峰后可以选用。

病毒病和根癌病主要随苗木和种条远距离传播。新建园尽量选用脱毒苗；调运葡萄苗时要选择健康无病毒病症状的苗木，自繁自育葡萄苗时，应从健康的、生产性状良好的母株上采集接穗和插条。为了防止苗木和种条传带根癌病，不要从有根癌病的地区或苗圃引进苗木，并在种植前用硫酸铜等进行浸泡消毒。

为了防止葡萄根瘤蚜的发生，调运苗木时要严格检疫，禁止从疫区调运苗木，防止此虫传播蔓延。此外，在苗木调运前和栽种前进行消毒处理。苗木消毒方法有：使用80%敌敌畏乳油600～800倍液或50%辛硫磷乳油800～1 000倍液，浸泡枝条或苗木15分钟，捞出晾干后调运。98%溴甲烷气体制剂熏蒸处理：在20～30℃的条件下，每立方米的使用剂量为30克左右，熏蒸3～5小时。

2.栽培技术

以生态调控为主，选择合理架势（厂字形、H形、T形等），合理密植，改善栽培环境，通风透光；避免与瓜类作物间作，春季套种蔬菜严格控制棚内温湿度，相对湿度在70%以下，进行产量调控，合理负载量，提高植物的抗病性；容易积水的葡萄园在葡萄园周边深挖排水沟渠，降低地下水位，避免积水对植株的根系发育不利影响。

3.清除田间病残体，减少病害侵染源

在田间生长期及收获期，及时清除枯枝烂叶及病穗病果，统一集中销毁处理，减少田间菌量，禁止将剪枝堆放在田间地头。

4.利用物理方法控制害虫的发生

保护地的门窗和通风口安装防虫网，阻止粉虱、蓟马等害虫进入保护地内。棚内挂黄色和蓝色粘虫

板，分别诱集粉虱和蓟马（图110）。一个大棚在害虫发生之前或发生初期悬挂10块左右的粘虫板即可。

图110　保护地内挂蓝色粘虫板诱集蓟马

5.进行药剂保护，防控葡萄白粉病

在葡萄萌芽期喷施一次石硫合剂，花前、花后各用一次铜制剂（必备或波尔多液），葡萄收获后，喷施1～2次铜制剂，埋土前喷施一次石硫合剂。

6.棚室消毒和烟剂熏蒸

葡萄休眠期利用硫黄或烟剂进行棚室消毒，遇有春季阴雨天气采用百菌清或腐霉利烟剂熏蒸。

7.利用生物、化学药剂防治白粉病

防治白粉病的生物制剂有：寡雄腐霉、宁南霉素和木酶制剂等。防治白粉病的化学药剂有：10%苯醚甲环唑分散粒剂800 ～ 1 000倍液、325克/升苯甲嘧菌酯悬浮剂2 000倍液或80%戊唑醇6 000 ～ 10 000倍液等。治疗叶部白粉病是初发期开始用药，连续3 ～ 5次，田间施药时喷药要周到均匀（叶片正反面都要打到，枝干上也要喷到），打药的质量及打药时期对白粉病的控制很关键。

8.花期生物制剂和化学农药防治番茄灰霉病

在盛花期和其后10天全株喷药两次防治灰霉病，重点喷施花穗喷施的药剂可选择：1×10^6孢子/克寡雄腐霉菌可湿性粉剂1 000 ～ 2 000倍液、50%咯菌腈可湿性粉剂5 000倍或42.4%唑醚·氟酰胺悬浮剂3 000 ～ 5 000倍液。在转色期出现少量果穗灰霉病，可采用摘除病果穗及其他病组织并即刻投入装有药液的容器中及时销毁，避免田间再侵染蔓延。

9.利用药剂防治害虫

保护地葡萄上的主要害虫是蓟马、叶蝉、粉虱等小型昆虫。蓟马发生严重时，在花前和幼果期喷施多杀菌素或乙基多杀菌素。叶蝉和粉虱种群数量较多时，喷施10%氟啶虫酰胺水分散粒剂2 500 ～ 5 000倍液、22%氟啶虫胺腈悬浮剂4 500 ～ 6 000倍液、70%吡虫啉水粉散粒剂7 500倍液、25%吡蚜酮可湿性粉剂2 000 ～ 3 000倍液等药剂。